Hafenanlagen für Stückgutumschlag

Ausgewählte Kapitel aus dem Seehafenbau

Von

Dr.-Ing. Arved Bolle
Oberbaurat in Hamburg

Mit 88 Textabbildungen

Berlin
Verlag von Julius Springer
1941

ISBN-13:978-3-642-89556-2 e-ISBN-13:978-3-642-91412-6
DOI: 10.1007/978-3-642-91412-6

Vorwort.

Vor kurzem erschien im gleichen Verlage: „Mechanische Hafenausrüstungen, insbesondere für den Umschlag“ von Wundram, Hamburg. Mit vorliegender Schrift wird von einem Bauingenieur der Versuch gemacht, in ähnlicher Form und gewissermaßen als Ergänzung über Hafenbauten zu sprechen, soweit sie dem Stückgutumschlag dienen. Späteren Zeiten mag die Herausgabe einer Schrift vorbehalten bleiben, die sich — um den Ring zu schließen — mit der baulichen Ausgestaltung von Umschlaganlagen für Schütt- bzw. Massengut befaßt.

Die Schrift macht weder Anspruch auf Vollständigkeit — es handelt sich nur um ausgewählte Kapitel —, noch soll sie ein Ersatz für schon vorhandene gute Handbücher über Hafenbau sein. Sie wendet sich auf der einen Seite selbstverständlich an die engeren Fachkollegen, auf der anderen Seite aber ebensosehr an alle Benutzer und Nutznießer von Stückgutumschlaganlagen. Nach dem Motto: „Aus der Praxis für die Praxis“ werden die betrieblichen Notwendigkeiten in den Vordergrund gestellt, und an Hand dieser wird dann jeweils aufgezeigt, wie sich die Bauwerke ihnen zweckmäßig anpassen.

Wenn auch die am Einzelbeispiel sich ergebenden Schlußfolgerungen niemals als Regel gelten können, so können sie doch in vielen Fällen richtungweisend sein. Es wäre schon viel erreicht, wenn die Benutzer der Umschlaganlagen zu der Überzeugung kämen, daß sich die Erbauer weitgehend ihren Wünschen anzupassen suchen, wobei allerdings Verständnis dafür vorausgesetzt werden muß, daß der zur Planung eines Hafens berufene Techniker vielfach weit auseinandergehende Sonderinteressen ausgleichen muß.

Den Erfahrungen des Verfassers entsprechend, sind der Abhandlung im wesentlichen Seehafenverhältnisse zugrunde gelegt, doch werden sich über das in bezug auf Seehäfen Gesagte hinaus unschwer auch Nutzanwendungen für Binnenhäfen ergeben.

Das Manuskript lag bereits Ende Sommer 1939 nahezu fertig vor, der Druck sollte im Herbst erfolgen. Infolge Kriegsdienstes des Verfassers wurden die an sich geringfügigen Restarbeiten verzögert. Trotzdem der Krieg für einige Häfen Veränderungen gebracht hat, ist zwecks Vermeidung weiteren Aufschubes von einer nochmaligen Überarbeitung Abstand genommen.

Wenn damit dem Wunsch auf gewisse Nachsicht in der Beurteilung Ausdruck gegeben wird, so sind selbstverständlich auf der anderen Seite Richtigstellungen und Anregungen, wie die Schrift weiter ausgestaltet werden könnte, sehr erwünscht.

Besonderen Dank schuldet Verfasser dem Verlage, der trotz der mit den Zeitläuften unvermeidlich verbundenen Schwierigkeiten eine schnelle Drucklegung und eine so gute Ausstattung ermöglicht hat.

Den Haag, im Herbst 1940.

Arved Bolle.

Vorwort

[illegible]

Inhaltsverzeichnis.

I. Einführung.

A. Betriebliche Begriffsbestimmungen.

Der Begriff Umschlag umfaßt, soweit er in einem Seehafen angewandt wird, die Beförderung von Waren aus einem Seeschiff in andere Seeschiffe, in Binnenschiffe, in Kaischuppen und Speicher, auf die Eisenbahn, Landfuhrwerke oder auf den umgekehrten Wegen. Die dem Umschlag dienenden baulichen Anlagen rechnen daher zu den wichtigsten Teilen eines Hafens. Wenn in dieser Schrift von Umschlag die Rede ist, dann soll der Begriff auf Stückgüter[1] beschränkt bleiben.

Das Kennzeichen der hier nicht zur Erörterung stehenden Schüttgüter wie Kohle, Erz, Kali, Phosphat, Kies, Sand, Getreide und noch zahlreicher anderer ist „unverpackt und schüttbar". Dem Umschlag der Schüttgüter dienen Sonderanlagen, ja es ist sogar zur Entwicklung von Spezialhäfen gekommen.

Beim Stückgutumschlag, der hier herausgestellt werden soll, wird das Gut verpackt oder unverpackt in einzelnen Stücken angefaßt, wobei es bei passendem Umfang und Gewicht auch in vielen Stücken gleichzeitig umgeschlagen werden kann. Beim verpackten Stückgut kommt es dabei weniger auf die Art als auf die Verpackung des Gutes an, je nachdem es sich um Kisten, Säcke, Ballen, Fässer, Behälter u. a. m. handelt. Die Hauptmasse der unverpackten Güter stellen die Metalle, die in Form von Barren oder als Schienen, Rohre, Bleche, Stabeisen oder sogar als ganze Maschinen zum Umschlag kommen. Von Nichtmetallen mögen als Beispiele Steine, Häute und Hölzer genannt werden; ja sogar Früchte, nämlich Bananenbüschel, werden unverpackt umgeschlagen.

Hervorgehoben sei noch, daß Stückgut in jedem Gewicht, von kleinen Büchsen oder Kisten bis zur Lokomotive von 130 t und in verschiedensten Mengen vom Einzelstück, beispielsweise einem Spezialmaschinenteil bis zu 40000 Sack Kaffee, zum Umschlag kommt.

* * *

In jedem Hafen ist die Art und Weise, wie die ein- und ausgehenden Güter in kaufmännischer und umschlagtechnischer Beziehung angefaßt werden, und welche Wege sie innerhalb des Hafens zurücklegen müssen, je nach der Verkehrsbedeutung des Hafens an sich, und je nachdem welche Zubringer in Frage kommen, verschieden. Wir wollen das Gesamtbild aller sich aus den besonderen örtlichen Verhältnissen ergebenden Verkehrsvorgänge als den Verkehrsmechanismus eines Hafens bezeichnen. Die richtige Erkenntnis dieses Verkehrsmechanismus ist die Grundlage des Ingenieurs für die Hafengestaltung.

Es ist bekannt, daß es in den Anfängen der Schiffahrt die Regel war, daß Seeschiffe an geschützten Stellen in der Nähe der Küsten, auf Reeden oder bei großen Flüssen im Strom vor Anker gingen, in einzelnen Fällen auch an Pfahlbündeln festmachten und dann ihre Ladung an Leichter abgaben. Trotz aller technischen Fortschritte gibt es auch heute noch viele Häfen, in denen diese Art des Umschlages gebräuchlich ist.

---

[1] Über die Begriffe Schüttgut, Massengut und Stückgut vgl. Wundram: Mechanische Hafenausrüstungen, S. 55 ff., sowie S. 88ff.

So müssen beispielsweise von jeher und heute noch in Port Elizabeth[1] mit Rücksicht auf die den dortigen Anlagen vorgelagerte Strandzone mit geringer Wassertiefe Fahrgäste und Fracht geleichtert werden.

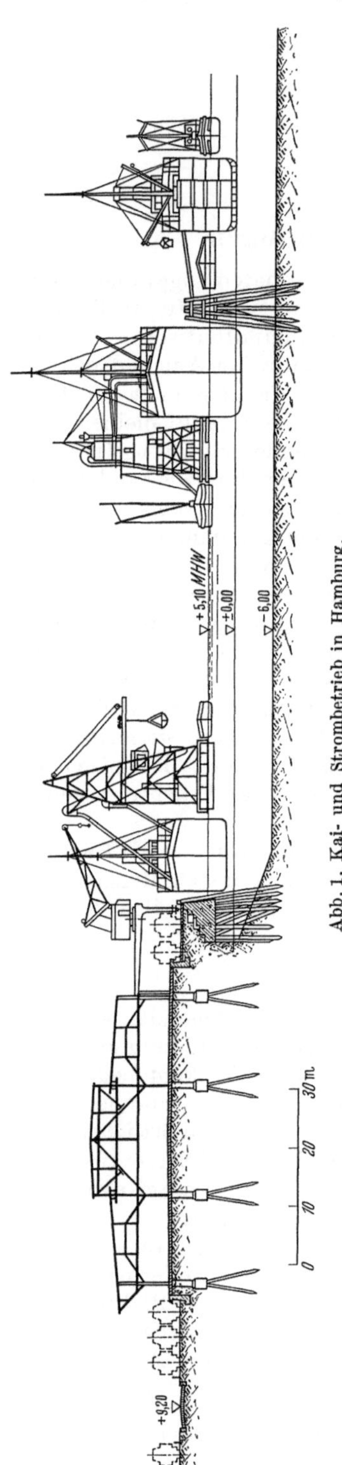

Abb. 1. Kai- und Strombetrieb in Hamburg.
Man beachte auf der linken Bildhälfte den gleichzeitigen land- und wasserseitigen Umschlag sowie auf der rechten Hälfte das abgebäumte Seeschiff.

Ist in diesem Falle die Leichterung durch besondere örtliche Verhältnisse erzwungen, so wird in den großen nordwesteuropäischen Wettbewerbshäfen auf Grund der Entwicklung von der unmittelbaren Überladung (Schütt- und Stückgut) von Schiff zu Schiff weitgehend Gebrauch gemacht, wobei dem großen Überseedampfer das kleinere Seeschiff (Seeleichter), das Binnenschiff und das Hafenfahrzeug (Schute) gegenüberstehen. Die Bedeutung dieser als „Strombetrieb" zu kennzeichnenden Umschlagsart wächst sogar wieder mit der weiteren technischen Vervollkommnung des Bordgeschirrs, worauf noch an anderer Stelle (S. 6) eingegangen wird und der ebenfalls dabei Verwendung findenden schwimmenden Hebezeuge[2]. Dementsprechend müssen fast alle Häfen mit größerem Binnenschiffsverkehr neben den Kais weite Wasserflächen zur Verfügung stellen, auf denen der Strombetrieb abgewickelt wird. Zur Befestigung der Schiffe dienen entweder Bojen oder starke in die Hafensohle gerammte Pfahlbündel (Dückdalben). Im Hamburger Hafen, aber auch in anderen Plätzen, wird man häufig finden, daß die Seeschiffe durch Spieren (Bäume) in einem gewissen Abstand von den Dalben gehalten werden (Abb. 1). Dieses als „Abbäumen" bezeichnete Verfahren hat den Zweck, den Binnen- oder Hafenfahrzeugen das Anlegen an beiden Seiten des Seeschiffes, wodurch ein rationeller Betrieb erzielt wird, zu ermöglichen. Wie an anderer Stelle noch ausgeführt wird, ist in vielen Fällen auch ein Abbäumen vom Kai von Nutzen.

Beim „Kaibetrieb" gehen die Schiffe an feste Anlagen (Kais, Piers) heran und geben ihre Lasten an das Land ab. Das an Land gelangende Gut wird entweder unmittelbar von einem anderen Verkehrsmittel (Eisenbahn, Lastwagen) übernommen, oder es wird von einem am Kai befindlichen Gebäude (Schuppen, Schuppenspeicher) aufgenommen; was hier im einzelnen in Frage kommt, ist von der Art des Hafens abhängig, insbesondere davon, ob es sich um einen Umschlag- bzw. Transitplatz oder einen Stapelplatz handelt. Im übri-

[1] Jb. hafenbautechn. Ges., Bd. 16, S. 77f.

[2] Über schwimmende Hebezeuge gibt die Schrift von Wundram Auskunft.

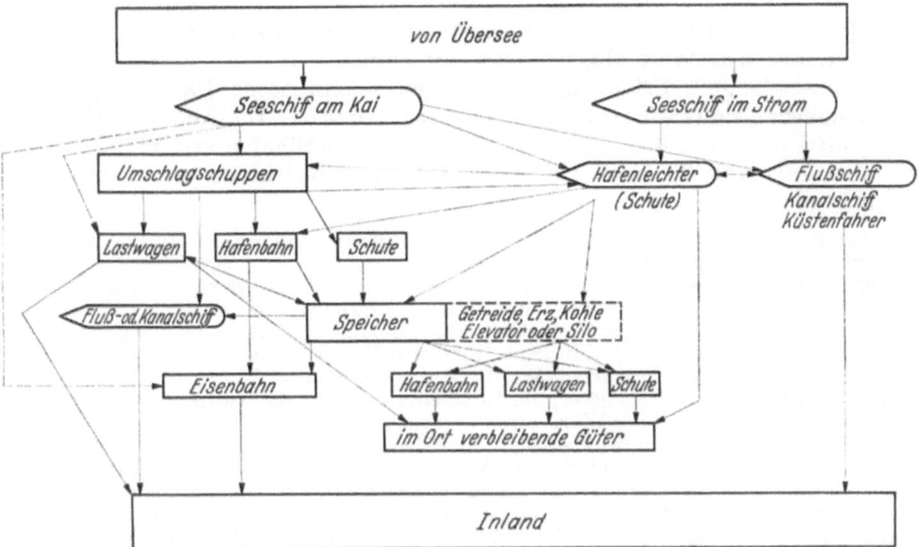

Abb. 2. Ort, Art und Wege des Güterumschlages im Seehafen (Einfuhr).

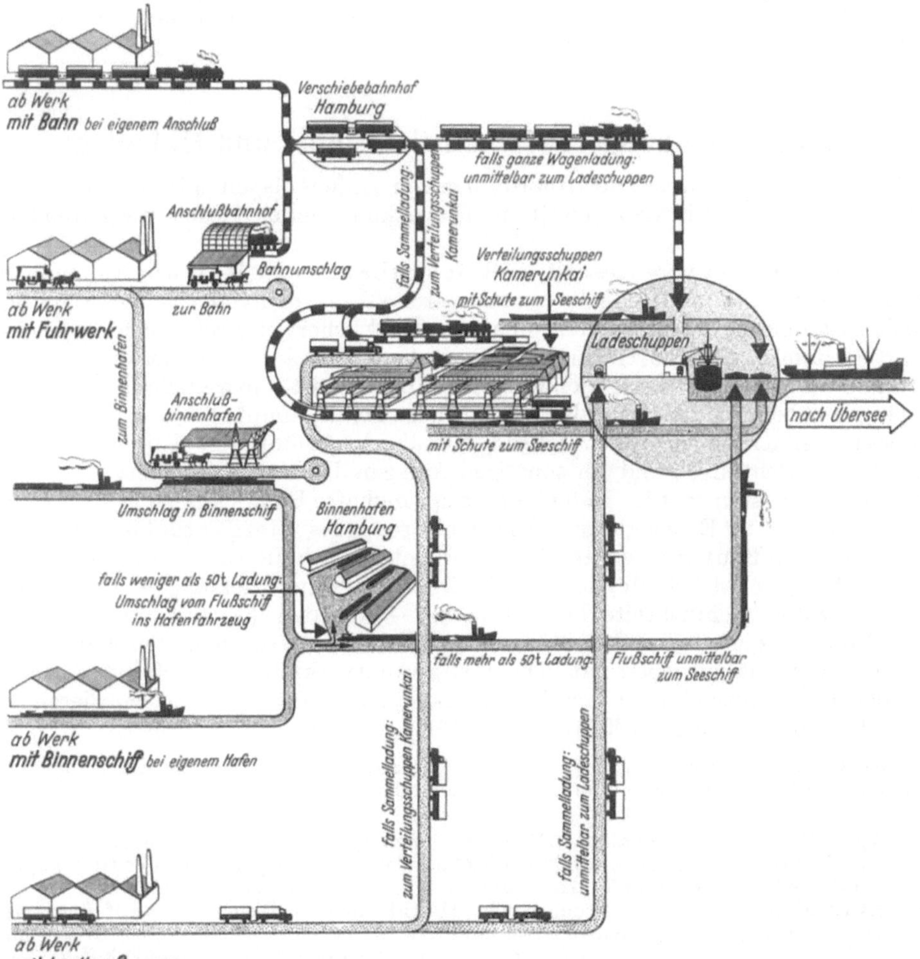

Abb. 3. Schematische Übersicht der Ausfuhr (ab Werk) über den Seehafen Hamburg.

gen schließt aber der Umschlag am Kai keineswegs aus, daß die Schiffe gleichzeitig nach der Wasserseite Ware abgeben oder aufnehmen.

Besser als längere Erklärungen vermögen zeichnerische Darstellungen den Verkehrsmechanismus eines Hafens zu verdeutlichen. Die Abb. 2[1] zeigt, wie mannigfaltig die Wege des Einfuhrgutes in einem Großhafen sein können. Entsprechend gibt Abb. 3[2] einen Überblick über die Abwicklung der Ausfuhr vom Industriewerk ab.

In bezug auf den Verkehrsmechanismus der Binnenhäfen soll kurz auf folgende Unterschiede hingewiesen werden:

Bislang kann dem Seeschiff kein anderes Verkehrsmittel Konkurrenz machen. Der Seehafen ist daher entsprechend der Kapazität seines Hinterlandes gleichzeitig auf Stück- und Massengut eingestellt und ausgerüstet. Dem Binnenhafen fällt das Umschlaggut nicht so selbstverständlich zu, da sich sein Zubringer (Fluß oder Kanal) im Wettbewerb mit der Eisenbahn und Straße befindet. Die Verteilung der Güter auf die drei Zubringer ist i. a. so, daß die wertvolleren, d. h. die Stückgüter, die Eisenbahn und den Kraftwagen bevorzugen, wogegen das Massengut zumeist der Wasserstraße verbleibt; so erklären sich in den Binnenhäfen die zahlreichen Spezialanlagen für Massengutumschlag. Die Ausrüstung der Binnenhäfen für Stückgutumschlag (Schuppen und Speicher) tritt im Vergleich mit den Seehäfen zurück. Die Umschlagtechnik der Binnenhäfen ist meist hochentwickelt, einmal aus der schon erwähnten allgemeinen Wettbewerbsstellung heraus und zweitens, weil gemessen an den Seewegen bei kleinen Wegen die Umschlaggeschwindigkeit mehr ins Gewicht fällt. Im Binnenhafen kommt der Umschlag von Schiff zu Schiff in Fortfall; dahingegen ist die Zusammenarbeit mit der Eisenbahn in vielen Fällen intensiver als bei Seehäfen entwickelt. Auf das Zusammenspiel mit dem Kraftwagen wird noch an anderer Stelle (S. 12) eingegangen.

B. Zusammenhänge zwischen Schiffahrt und Hafenbau.

Eine wichtige Rolle bei der Anordnung von Hafenanlagen spielen Art, Form und Ausrüstung der in dem jeweils in Frage kommenden Hafen verkehrenden Schiffe.

Diesbezüglich sei vorangestellt, daß Schiffbauer und Hafenbauer immer wieder — soll ihr Tun nicht Selbstzweck werden — zu planvoller Gemeinschaftsarbeit zusammengebracht werden müssen. Glücklicherweise setzt sich diese Erkenntnis immer mehr durch, und sie findet besonders auf den „Internationalen Schiffahrtskongressen" weitgehende Förderung. Es ist unzweifelhaft, daß anscheinend nebensächliche Einzelheiten, die zum Schiffsrumpf oder den Aufbauten gehören, vielfach einen großen Einfluß auf die Anordnung der Kaimauern, der Umschlageinrichtungen und der sonstigen Anlagen der Häfen ausüben.

Am auffälligsten tritt im Hafenbau die sprunghafte Entwicklung der Schiffsabmessungen in Erscheinung[3]. Die Steigerung des Tiefgangs bis auf 12 m erfordert schon Bauwerke, deren Herstellung eben noch die Grenze des technisch oder auch wirtschaftlich Möglichen hält. Die Breitenentwicklung — die bisher erreichte größte Schiffsbreite beträgt 36 m — läßt den Frachtraum erheblich anwachsen, was wiederum bestimmend ist für die Tiefe, die man den Kaischuppen für Stückgut zu geben hat. Die Längenentwicklung geht Hand in Han mit der Längenausdehnung der Hafenbecken, entscheidend ist sie bei Pieranlagen, sofern diese für Einschiffslänge ausgeführt werden.

Über die weitere Entwicklung der Schiffsabmessungen ist in einem auf der Hauptversammlung der Gesellschaft der Freunde und Förderer der Hamburgischen Schiffbau-Versuchs-

---

[1] Vgl. „Ports and Terminal Facilities" Roy Mac Elwee, New York, 1918.

[2] Vgl. Der Hafen Hamburg (Handbuch für Verlader), herausgegeben von der Hamburger Freihafen-Lagerhaus-Gesellschaft. Hamburg 1938. Abb. 3 daselbst entnommen.

[3] Es ist nicht möglich, Erörterungen über Hafenbauten ein Regelfrachtschiff zugrunde zu legen. Dem hier zu behandelnden Stückgutverkehr dienen Seeschiffe jeder Größe mit Einschluß der größten Fahrgastschiffe (vgl. Zusammenstellung). Auf welche Schiffsgrößen

anstalt in Hamburg im Juni 1938 gehaltenen Vortrag[1] etwa folgendes gesagt: Gewisse Anhalte für die Auffasssung europäischer Wasserbauingenieure, wie Anlagen für die Abfertigung größter Schiffe auch unter Berücksichtigung näherer Zukunft zu bemessen sind, geben von Deutschland aus gesehen, die Abmessungen der Fahrgastanlagen in Hamburg und Bremerhaven. Die holländischen Fachgenossen in Rotterdam und Amsterdam haben vorgesorgt, daß eines Tages Schiffe von 12 m Tiefgang ihre Häfen aufsuchen. Die Entwicklung des Schiffbaus glauben französische Fachleute dahin beurteilen zu können, daß die größten Fahrgastschiffe für die nächste Zukunft 330 m Länge, 38 m Breite und 12,50 m Tiefe nicht überschreiten. Auf dem 1935 in Brüssel abgehaltenen XVI. Int. Schiffahrt-Kongreß sind — horribile dictu — Stimmen laut geworden, die 1955 das 100 000 t-Schiff und 1980 das 120 000 t-Schiff erwarten.

Bei solchen Zahlen wie den zuletzt genannten kann der Hafenbauer nur mit Schaudern an die Kosten und Schwierigkeiten der Abfertigungsanlagen denken. Den Schiffbauern aber mag der alte Grundsatz nochmals vorgehalten werden, daß das „wirtschaftlichste Schiff" nicht etwa das Schiff mit den geringsten sich aus dem Schiff selbst ergebenden Betriebskosten ist, sondern daß man dieses Prädikat nur dem Schiff zusprechen kann, das Menschen und Güter unter Berücksichtigung aller mit seinem Betrieb und seiner Abfertigung verbundenen Kosten am billigsten von Hafen zu Hafen befördert.

Da in den Seeschiffbecken auch Binnenschiffe[2] (vgl. den folgenden Abschnitt) abgefertigt werden, sind nachstehend einige in den deutschen Stromgebieten übliche Abmessungen angegeben:

Wasserstraße	Länge m	Größte Breite m	Tiefgang beladen m	Tragfähigkeit t
Weser	60,5	8,8	1,9	650
Elbe	76,0	10,5	1,9—2,2	1000—1200
Rhein	85,5	11,15	2,58	1700
,,	90,0	12,0	2,65	2000
Oder (Berliner Maß)	46,0	6,6	1,75	350
Dortmund-Ems-Kanal	66,9	8,2	2,0—2,35	750—900

Die Binnenschiffe sind nicht in dem gleichen Maße wie die Seeschiffe gewachsen, immerhin beanspruchen sie recht ansehnliche Wasserflächen (vgl. Abb. 6).

Um wieder auf die Seeschiffahrt zurückzukommen, so beeinflussen nicht allein die Größenmaße sondern auch die Formen der Schiffe den Hafenbau. Die bei den Holzschiffen und älteren Eisenschiffen abgerundete Form ist mit Einführung des Baustoffes Stahl im Schiffbau der Rechteckform gewichen. Entsprechend kommen für Kaibauten nur noch senkrechte Begrenzungsflächen in Frage. Was die Schiffsarten anlangt, so liegt diesbezüglich der größere Einfluß auf seiten des

Hafenbecken abzustimmen sind, kann immer nur örtlich entschieden werden. Die oben angestellten Betrachtungen beziehen sich nur auf Maximalgrößen.

Name	Heimathafen	Baujahr	BRT	Länge m	Breite m	Tiefgang m
D. Danzig	Hamburg	1925	1 062	67,29	10,56	4,50
MS. L. Essberger	Hamburg	1935	1 593	74,53	12,66	4,58
MS. Euler	Bremen	1925	1 879	86,49	12,70	5,43
MS. Cl. Horn	Hamburg	1926	3 177	94,81	14,11	6,73
MS. Schwanheim	Bremen	1936	5 339	129,16	16,99	7,70
D. Neumark	Hamburg	1930	7 851	145,40	19,24	8,27
D. Ubena	Hamburg	1928	9 523	142,85	18,37	7,77
MS. St. Louis	Hamburg	1929	16 732	165,76	22,08	8,84
D. Deutschland	Hamburg	1923	21 046	196,82	24,0	9,96
D. Columbus	Bremen	1922	32 565	228,48	25,33	10,36
D. Bremen	Bremen	1928	51 656	273,91	31,06	10,32
D. Queen Mary	Liverpool	1936	81 235	297,25	36,15	11,89

(Die Angaben sind dem Schiffsregister des Germanischen Lloyd entnommen.)

[1] Werft Reed. Hafen 1938, S. 297 ff.

[2] Den Zwischentransporten innerhalb der Häfen dienen mit eigener Kraft fahrende offene oder gedeckte Barkassen sowie in noch größerem Umfange geschleppte Schuten (offen oder gedeckt) von 10—250 t Tragfähigkeit.

Massengutes, für dessen Beförderung in immer steigendem Maße Spezialschiffe entwickelt werden.

Im Stückgutverkehr wird erfreulicherweise die Spezialisierung der Schiffe dadurch hintangehalten, daß der Schiffbau darauf sehen muß, daß die Schiffe in möglichst vielen Häfen verwendbar sind.

Ferner sind in diesem Zusammenhang die Lösch- und Ladeeinrichtungen der Schiffe zu erwähnen. Daß sich an Bord der Schiffe hochentwickeltes Umschlaggerät befindet, ist hinreichend bekannt. Es verdient aber besonders darauf hingewiesen zu werden, daß das „Bordgeschirr“ unter gewissen Voraussetzungen, wie sie beispielsweise für die nordamerikanischen Seehäfen zutreffen, die Verwendung von Kaikränen erübrigt. Die Zahl der Häfen, in denen lediglich vermittels des Schiffsgeschirrs umgeschlagen wird, ist viel größer, als man gemeinhin annimmt, und es werden dabei beachtliche Leistungen erzielt.

Für die am Lande befindliche Kranausrüstung spielen die allgemeine Höhenentwicklung der Schiffe — hohe Freibordtypen, ranke Schiffe mit Schlagseiten-

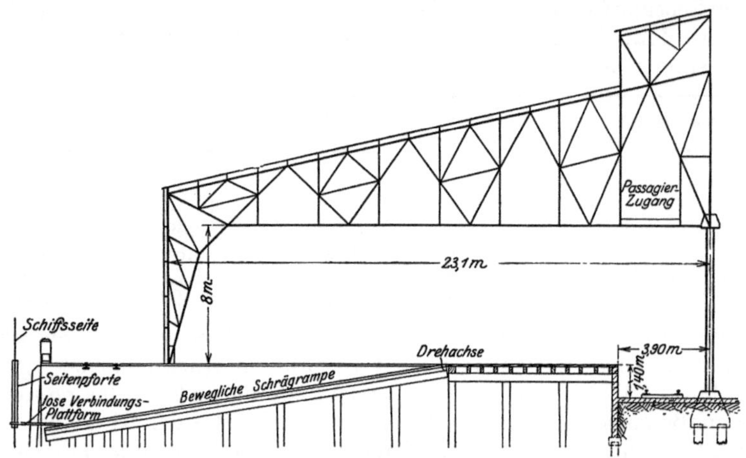

Abb. 4. Anordnung beweglicher Schrägrampen in einem Pierschuppen in Seattle.

tendenz in unbeladenem Zustand —, ferner die Ausgestaltung der Deckaufbauten, die Mastenstellung, die Anordnung der Ventilatoren eine Rolle. Enge Beziehungen zwischen Schiffbau und Landhebezeug bestehen auch in bezug auf die Ladeluken. Die Entwicklung ist dahin gegangen, daß die Luken immer größer und zweckmäßiger angeordnet worden sind, so daß ein wirtschaftliches Zusammenwirken mehrerer Kaikräne an einer Luke und damit eine wesentliche Abkürzung der Liegezeit ermöglicht worden ist. Beachtlich ist auch die Frage, wie weit man in Zukunft zur Abkürzung des Lastweges mit Seitenpforten[1] arbeiten kann.

Schließlich ist in diesem Zusammenhang darauf hinzuweisen, daß auch die Art und Weise, wie die Ladung im Schiff verstaut wird, den Landbetrieb und damit die Ausgestaltung der Umschlaganlagen beeinflußt. Im Sinne der kleinsten Bemessung von Lager- und Besichtigungsflächen und der geringsten Flurförderung liegt es, die Ladung weitgehend sortiert zu stauen, wobei selbstverständlich die

[1] Wie Dr.-Ing. E. Foerster in seiner Studie: „Nordamerikanische Seehafentechnik“, Berlin: Julius Springer 1926 berichtet, hat sich die pazifische Schiffahrt im Hinblick auf das dortige Massenvorkommen gleichartiger, leicht hantierbarer und nicht zu umfangreicher Kisten und Ballen stark auf das Arbeiten mit Seitenpforten eingestellt. Bedenken gegen die Pforten schiffbautechnischer Art, obwohl sie in größerer Häufung und an kritischen Stellen gefunden wurden, bestehen anscheinend nicht. Das Streben nach denkbar günstigster Ausnutzung der Seitenpforten hat dann zur Ausbildung versenkbarer Zugbrücken an der Kaiseite geführt; Abb. 4 zeigt eine derartige Anordnung in Seattle und Abb. 5 eine entsprechende in San Francisco (beide Abbildungen sind der genannten Quelle entnommen).

Wahrung der Seetüchtigkeit des Schiffes oberstes Gebot ist. Beim Löschen ist der Stauer häufig aus ökonomischen Gründen gezwungen, sich von oben in Form von Gängen in die Ladung hineinzugraben. Er schneidet also horizontal gestapelte

Abb. 5. Versenkbare Zugbrücke für Seitenpfortenbearbeitung in San Francisco.

Partien vertikal an; es muß ihm auch überlassen bleiben, ob er die Ware von rechts oder links nimmt. Das Ergebnis ist dann, daß die Ware bunt aus dem Schiff herauskommt und damit viel Sortierfläche beansprucht.

II. Hafenanlagen für Stückgutumschlag.

A. Stückgutumschlaganlagen im Rahmen der Gesamthafenplanung.

1. Über die Einordnung der Stückgutumschlaganlagen innerhalb des Gesamthafens.

Ausführungen über die Art und Weise, wie ein Seehafen in seiner Gesamtheit zu planen ist, muß den vorhandenen, ausführlichen und grundlegenden Werken über Hafenbau, die diesbezüglich auch eine Fülle beachtlicher Gesichtspunkte bringen, überlassen bleiben. Im Rahmen des hier gesteckten Ziels ist auf die richtige Einordnung der Stückgutumschlaganlagen innerhalb des Gesamthafens hinzuweisen, die i. a. mit einer zweckentsprechenden Trennung von Massengut und Stückgutumschlaganlagen Hand in Hand geht. Hierbei müssen auf jeden Fall Schwierigkeiten, die sich auf Grund örtlicher Gegebenheiten wie Wind[1], Strömung, Geschiebebewegung u. ä. für die Bewegungen der Schiffe innerhalb des

[1] Nichtbeachtung der vorherrschenden Windrichtungen bei der ersten Anlage hat beispielsweise in Tsingtao zu solchen Erschwerungen der Schiffsbewegungen geführt, daß neue Hafenzungen rechtwinklig zu den vorhandenen angeordnet werden. Über die Belästigung von Stückgutumschlaganlagen durch Kohlenstaub infolge falscher Grundrißanordnung wird in vielen Häfen geklagt. Als Beispiel besonderer Berücksichtigung der vorherrschenden Winde kann die Erweiterung des Hafens von Kapstadt erwähnt werden (Bauing. 1939, S. 11 und Werft Reed. Hafen 1939, S. 94).

Hafens ergeben könnten, vermieden werden[1]. Weiterhin wird einleuchten, daß Häfen oder auch nur einzelne Becken mit Freihafeneigenschaft besondere Ansprüche in bezug auf Ausgestaltung stellen.

Unter Freihäfen als Sammelbegriff versteht man einzelne Hafenbecken (Malmö, Stockholm) oder auch Häfen in ihrer Gesamtheit (Hamburg), die mit einer Zollgrenze umgeben sind und als Zollausland gelten. Zolltechnisch unterscheidet man in Deutschland Freibezirke und Freihäfen. Bei den ersteren kann Einfuhr, Lagerung und Wiederausfuhr von Ware ohne Verzollung erfolgen, bei den letzteren (z. B. Hamburg) darf außerdem innerhalb des Zollauslandsgebietes eine Veredelung auf industriellem Wege betrieben werden; es können sich also Fabrikationsbetriebe ansiedeln. Freihäfen sind beim Handel beliebt und ziehen Lagerware an. Sie erfordern daher weiträumige Schuppen und Speicher, vielfach unter Einbeziehung eines Bezirksbahnhofs. Diese Weiträumigkeit erfordert dann wieder ausgedehnte zollsichere Umgrenzungen landfester, z. T. auch schwimmender Art. Die Zweckmäßigkeit eines Freihafens ist in jedem Falle genau zu untersuchen, eine Notwendigkeit besteht nur beim Vorhandensein größeren Transitverkehrs. Auch die Frage der Bemessung ist mit Rücksicht auf die Kosten der Überwachung vorsichtig zu prüfen.

2. Der Einfluß der Zubringer Eisenbahn, Binnenschiff und Lastwagen auf die Gesamthafengestaltung.

Den stärksten Einfluß auf Grundriß, Aufbau und Betriebsgestaltung der Umschlaganlagen üben die Zubringer (Eisenbahn, Binnenschiff und Lastwagen) aus.

Was zunächst die Eisenbahn anlangt, so ist den Fachleuten durchaus bekannt, daß in vielen Häfen die Bahnanlagen noch bis vor nicht allzulanger Zeit stiefmütterlich behandelt worden sind. Heute ist selbstverständlich, daß bei Aufstellung des Hafenbebauungsplanes[2], der gleichwertig an die Seite beispielsweise für die Städte üblicher Bebauungspläne getreten ist, von vornherein der Eisenbahnfachmann ein gewichtiges Wort mitspricht. Dementsprechend weisen denn auch zahlreiche in neuerer Zeit erstellte Hafenanlagen, sowie auch bekannt gewordene Hafenentwürfe, besonders solche, die anläßlich von Wettbewerben (Trelleborg, Barcelona) entstanden sind, in bezug auf die Eisenbahnausstattung beachtliche Lösungen auf. Mehr braucht an dieser Stelle über die Eisenbahn als Zubringer nicht gesagt zu werden, da die Gleisausstattung der Stückgutumschlaganlagen noch an anderer Stelle ausführlicher behandelt wird.

In Seehäfen, in denen in großem Umfange Binnenschiffe verkehren, ist zu

[1] Hingewiesen sei hier auf Gotenhafen, dessen Anlagen als einheitliches Ganzes geplant und in der im Vergleich zu anderen Häfen außerordentlich kurzen Zeit von 10 Jahren ausgeführt wurden. Der Lageplan (Bautechnik 1938 S. 623) zeigt sowohl die für das Manövrieren von Schiffen günstige Lage der Hafenzungen (breit und unter großem Winkel abzweigend) als auch eine auf Grund der selbstgeschaffenen Vorbedingungen mögliche günstige Verteilung der Aufgaben auf die einzelnen Becken.

[2] Schwierigkeiten und Aufgaben eines Hafenbebauungsplanes umreißt Cauer in seiner Schrift „Eisenbahnausrüstung der Häfen", Berlin: Julius Springer 1921, wie folgt: „Wenn häufig, so insbesondere in ausgeschriebenen Wettbewerben, verlangt wird, für die Anlage eines Hafens oder einer Hafenerweiterung einen Generalplan aufzustellen, so ist solches Verlangen dann verkehrt, wenn es so gemeint ist, daß dieser Generalplan nun dazu bestimmt sei, allmählich stückweise, aber im wesentlichen unverändert, ausgeführt zu werden. Denn einmal kennt man wohl den jetzigen Verkehrsumfang und das Wachstum des Verkehrs in den vergangenen Jahren; aber das zukünftige Verkehrswachstum, das außer von wirtschaftlichen auch von politischen Verhältnissen abhängt, kann man nur schätzen, und weiß namentlich nicht, in welchem gegenseitigen Verhältnis die einzelnen Verkehrszweige und Industrien wachsen werden. Dann aber kann man nicht voraussehen, welche Fortschritte die Technik in der Zukunft machen und welchen Einfluß dies auf eine zweckmäßige Gestaltung des Hafens haben wird. So darf vernünftigerweise ein Generalplan eines Hafens nur so aufgefaßt werden, daß er die Möglichkeit nachweist, einen über die Gegenwart nach bestmöglicher reichlicher Schätzung gewachsenen Verkehr durch eine nach einheitlichem großzügigen Plan angelegte und wohlgegliederte Anlage zu bewältigen. Es muß durch elastische Gestaltung des Generalplans dafür gesorgt werden, daß die künftige Ausdehnung der den verschiedenen Verkehrszwecken und industriellen Zwecken dienenden Hafenbestandteile sich der Verkehrsentwicklung jedes einzelnen anpassen kann, ohne daß die Einheitlichkeit der Gesamtanlage verlorengeht".

untersuchen, ob diese zur Hauptsache dem Transport von Schüttgütern oder Stückgütern dienen. Im ersteren Falle braucht die Verkehrsdichte der Binnenschiffe nicht so groß zu sein, daß sich Reibungen mit dem Seeschiffsverkehr ergeben.

Kommt stärkerer Stückgutumschlag in Frage, bringt dieser i. a. zusätzliche und mannigfache vermittels besonderer Hafenfahrzeuge (Leichter, Schuten, Barkassen) durchzuführende Transporte zwischen den im Strom liegenden Seeschiffen, Kais, Speichern, Hafenindustriewerken und Empfangsstellen für die Ortsversor-

Abb. 6. Liegeplätze für Binnenschiffe in einem Seehafen.

gung mit sich. Der Verkehr auf dem Wasser wird dann so groß, daß für die Binnenschiffahrt besondere Zufahrten, Arbeits-, d. h. Umschlagplätze, und nicht zuletzt Liegeplätze — letztere müssen auch der Auflösung und Zusammenstellung von Schleppzügen dienen — erforderlich sind[1].

In bezug auf obige Forderungen ist beispielsweise die Grundgestaltung des Hamburger Hafens beachtlich. Dieser Hafen weist eine große Anzahl von weiträumigen Flußschiffhäfen auf, die sich ringförmig um die Seeschiffhäfen gruppieren, wobei die Binnenschiffe durch besondere obere Zufahrten in die Seeschiffbecken gelangen können. Damit ist sowohl in bezug auf die Bewegung der See- und Binnenschiffe eine verkehrstechnisch einwandfreie Trennung erreicht als auch

[1] Der Flächenbedarf für die Binnenschiffahrt ist dadurch besonders groß, daß sich Flußschiffe auf Grund ihrer Abhängigkeit von Wasserstands- und Eisverhältnissen sowie auch wirtschaftlichen Schwankungen länger als Seeschiffe im Hafen aufhalten.

in bezug auf die Liegeplätze die zweckmäßige Verteilung innerhalb des Hafens sichergestellt; die Binnenschiffe können nämlich die Seeschiffsbecken möglichst bald entlasten und auf bequeme Weise zu den für sie bestimmten Liegeplätzen gelangen.

Die Seeschiffbecken sind zumeist in der Weise auf die Binnenschiffahrt einzurichten, daß neben die am Kai umschlagenden Seeschiffe auch noch Binnenschiffe bzw. Hafenfahrzeuge gelegt werden können. Die Flächen der Seeschiffbecken sind noch größer zu bemessen, wenn man, wie es ebenfalls in Hamburg der Fall ist, den Seeschiffen Gelegenheit gibt, in der Mitte der Becken an Pfählen festzumachen und ihre Ladung im Strombetrieb umzuschlagen. Da, wie leicht einzusehen, im Strombetrieb besonders Massengutumschlag abgewickelt wird, beeinflussen also in diesem Falle die Belange des Massenguts die Bemessung der Stückguthafenbecken.

Das Neben- und Nacheinander von See- und Binnenschiffen an den Seeschiffkais führt in allen Häfen zu gewissen betrieblichen Schwierigkeiten. So können die Kais in den Fällen nicht sogleich wieder mit Seeschiffen belegt werden, wo im Kaischuppen untergebrachte Ware zurück über den Kai an Binnenschiffe auszuliefern ist. Weiterhin stört, betrieblich gesehen, der unmittelbare Umschlag zwischen See- und Binnenschiff das gleichzeitige Arbeiten zwischen Seeschiff und Kai. Wie weit diese und noch andere Nachteile als wirtschaftlich untragbar anzusehen sind, hängt von örtlichen Gegebenheiten ab. Tatsache ist, daß sie in Einzelfällen zu besonderer Gestaltung der Hafenbecken geführt haben, worauf nachstehend unbeschadet dessen, daß über Hafenbecken im einzelnen noch an anderer Stelle gesprochen wird, kurz eingegangen werden soll.

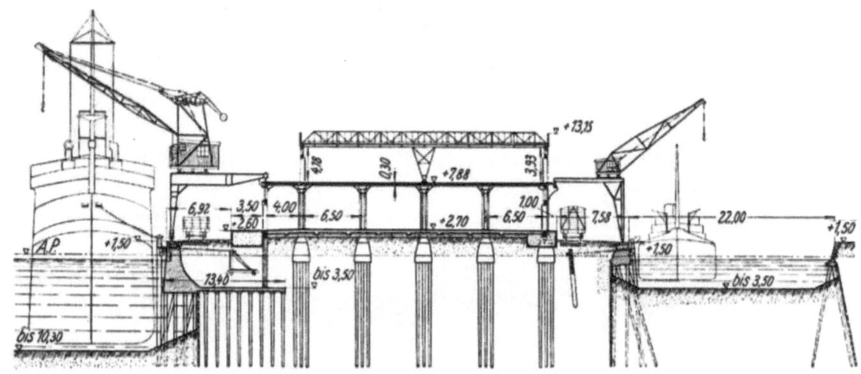

Abb. 7. Querschnitt des Borneokais in Amsterdam.

Ein beachtliches Beispiel dieser Art bietet Amsterdam[1], wo unter Wahrung der gleichzeitigen Abfertigung See- und Binnenschiffe getrennte Liegeplätze erhalten haben. Die in Abb. 7 dargestellte Anordnung am Borneokai ermöglicht eine unmittelbare und ungestörte Abfertigung der Binnenschiffe am Schuppen einerseits, andererseits kann Seeschiffsladung, die keiner Bearbeitung im Schuppen bedarf, außenbords abgesetzt werden oder durch den Schuppen unmittelbar in die Binnenschiffe gelangen. Nach gleichem Grundsatz ist eine Kaizunge des Coenhafens (vgl. Abb. 4 der angegebenen Quelle) ausgebildet.

Eine andere Lösung ist in Nordenham[2] gefunden worden, wo nach Art der Abb. 8 zwischen einem Kai mit seeschifftiefem Wasser und der eigentlichen Kaifläche ein Leichterhafen angeordnet ist.

[1] Jb. hafenbautechn. Ges., Bd. 12, S. 50ff.
[2] Jb. hafenbautechn. Ges., Bd. 12, S. 60, Abb. 2.

In London[1] am Südkai des King George V. Docks hat man das gleiche Problem in etwas anderer Form angefaßt. Hier gehört zu jedem Schuppen eine

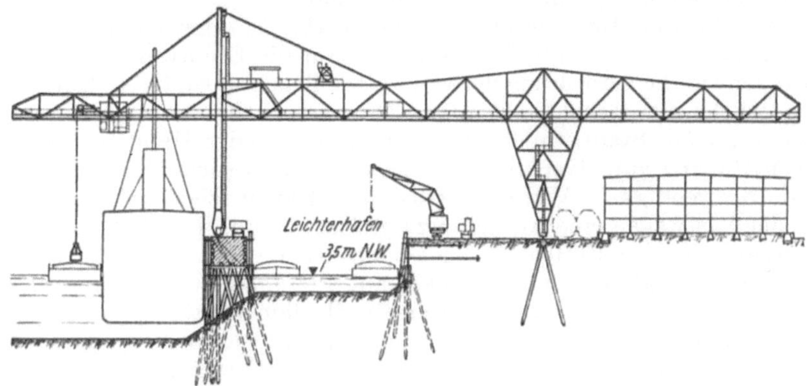

Abb. 8. Querschnitt einer Stückgutumschlaganlage mit Leichterhafen.

gleich lange im Abstande von rd. 10 m parallel zur Kaikante laufendeLadebrücke. An den Außenseiten dieser 6,7 m breiten, in Eisenbeton ausgeführten Kaibrücken, deren jede in ihrer Mitte mit dem Kai durch eine hölzerne Fußgängerbrücke verbunden ist, legen die Seeschiffe an, während die Innenseite Flußfahrzeugen vor-

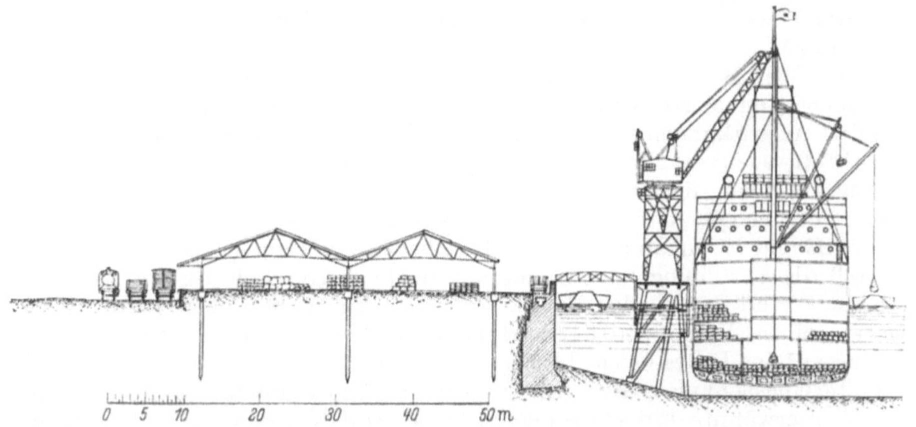

Abb. 9. Querschnitt des Südkais des King George V. Docks in London.

behalten ist. Die auf den Piers befindlichen Kräne können nun die Waren entweder in die der unmittelbaren Weiterbeförderung dienenden Flußschiffe oder am Kai absetzen. Der Nachteil dieser Anlage liegt darin, daß die am Verbindungssteg, also in der Piermitte liegenden Flußschiffe an der Ein- und Ausfahrt durch die äußeren Fahrzeuge zeitweilig verhindert sind.

Zweifellos bedeuten die eben beschriebenen Anordnungen einen bedeutenden Aufwand, sowohl an Hafenfläche als auch an Baukosten, der nur beim Vorliegen besonderer Verhältnisse vertretbar ist. Normalerweise wird man sich einfacher helfen können. Hier ist einmal das schon erwähnte „Abbäumen“ der Schiffe zu nennen. In Hamburg beispielsweise kann man täglich beobachten, daß Seeschiffe mit Hilfe der Bäume einen solchen Abstand vom Kai erhalten, daß ein Flußschiff dazwischen Platz findet. Man kann sich aber auch mit Kranbrücken großer Aus-

[1] Werft Reed. Hafen 1929, S. 126, Abb. 6.

ladung helfen, die über das Seeschiff hinweg eine Bearbeitung der Binnenschiffe ermöglichen. Es ist bemerkenswert, daß man auch in Amsterdam, und zwar am Sumatrakai zu diesem Aushilfsmittel gegriffen hat.

Zu Eisenbahn und Binnenschiff tritt als dritter Zubringer der von Pferden oder mit eigener Kraft bewegte Lastwagen. Für die Ermittlung des Einflusses der Lastwagen auf die Gestaltung der Umschlaganlagen sollen Orts-, Hafen-, Nah- und Fernverkehr unterschieden werden. Ortsverkehr hat von jeher bestanden und weist in großen Stadtgebilden wie etwa London oder Hamburg einen ganz erheblichen Umfang auf. Hafenverkehr bedeutet die besonders in Stapelplätzen bestehende Notwendigkeit, Waren innerhalb des Hafengebiets zu verfahren; hier bedeutet der Lastwagen eine Entlastung der Hafenbahn. Der Nahverkehr, d. h. die Versorgung der unmittelbaren Umgebung des Hafens, mußte sich so lange in engen Grenzen halten, als man allein auf Pferdefuhrwerk angewiesen war. Entwicklungsmöglichkeiten boten sich erst nach dem Weltkriege mit dem Aufkommen des Lastkraftwagens in den Häfen. Vom gleichen Zeitpunkt an kann auch von dem Einsetzen eines Fernverkehrs mit Lastkraftwagen in das weitere Hafenhinterland gesprochen werden. Die vom Fernkraftverkehr erschlossene Zone ist den Fortschritten der Lastkraftwagenindustrie entsprechend ständig vergrößert worden. Doch ist nach dem heutigen Stande in jedem Hafen der Orts- und Hafenverkehr noch unvergleichlich größer als der Verkehr in das unmittelbare und weitere Hinterland. Da die den Orts- und Hafenverkehr kennzeichnenden kleineren Weglängen und Gütermengen sowie insbesondere die häufigeren Fahrtunterbrechungen eine volle Ausnutzung des Kraftwagens verhindern, wird das Pferdefuhrwerk — soweit heute zu übersehen — keineswegs aus den Häfen verschwinden[1].

Die mit dem Bau der Reichsautobahnen getroffene Entscheidung: „Nicht mehr Schiene gegen Kraftwagen, sondern Schiene und Kraftwagen" wird eine in den Auswirkungen noch nicht annähernd abzuschätzende Intensivierung des Lastkraftwagenverkehrs im Hafenhinterland, verbunden mit weiterer Vergrößerung desselben, im Gefolge haben.

Wenn auch mengenmäßig gesehen die Leistungen des Lastkraftwagens hinter Binnenschiff und Eisenbahn zurückbleiben, liegt seine Bedeutung in erster Linie darin, daß die Verteilung bzw. Sammlung hochwertiger Schiffsgüter sehr weit, d. h. bis zur Werkstätte oder Fabrik bzw. umgekehrt, getrieben werden kann. Dieser Vorteil im Verein mit der leichten Beweglichkeit bieten einen Ausgleich dafür, daß auf das Ladegewicht bezogen die Standfläche eines Kraftwagens mehr Platz als die eines sehr viel schwieriger zu bewegenden Eisenbahnwagens einnimmt.

Die oben erwähnte Entscheidung „Schiene und Kraftwagen" gibt auch das Leitmotiv in hafenbautechnischer Beziehung. Die Häfen haben darauf Bedacht zu nehmen, daß die Abwicklung des Verkehrs mit Lastkraftwagen so reibungslos wie möglich gestaltet wird. Vorhandene Anlagen sind anzupassen, und bei Erweiterungen und Neuanlagen von Häfen sind von vornherein großzügig alle entsprechenden technischen Einrichtungen zu schaffen. Zweifellos lassen bei Ergreifung geeigneter Maßnahmen viele der bestehenden Hafenanlagen noch ein Anwachsen des Lastwagenverkehrs zu, wobei in besonderen Fällen vor radikalen Mitteln nicht zurückgeschreckt werden darf. Die Anpassung des Hafens darf aber nicht, wie es bei der Eisenbahn der Fall war, Jahrzehnte hinterher hinken. Auf der andern Seite muß man sich aber vor Einseitigkeit, wie sie etwa in der Propagierung reiner Straßenhäfen[2] (Autoumschlagshäfen) im Gegensatz zum

[1] Im Hamburger Hafen beispielsweise besitzt das Pferdefuhrwerk durchaus noch das Übergewicht; vgl. hierzu die in der Zeitschrift für Verkehrswissenschaft 1933, Heft 1 von Wegner veröffentlichten Untersuchungen.

[2] Die diesbezüglichen Vorschläge bezogen sich bisher nur auf Binnenhäfen, es dürfte aber wenig Binnenschiffe geben, die nur Ladung für Lastkraftwagen führen.

sog. Eisenbahnhafen zum Ausdruck kommt, hüten. Die Auffassung, daß ein Hafen allen Verladewegen gerecht werden muß, war bisher und wird auch künftig die richtige sein.

Im einzelnen fordert der Lastkraftwagenverkehr in bezug auf Stückgutumschlaganlagen Zufahrten, Abfertigungsmöglichkeiten am Kai oder Schuppen und Aufstellmöglichkeiten bis zur Abfertigung.

Bei den Zufahrten kann man unterscheiden zwischen den von außerhalb in das Hafengebiet einmündenden Haupteinfallstraßen, zu denen sich neuerdings die Reichsautobahn gesellt und den an die letztgenannten angeschlossenen Hauptzufahrten zu den verschiedenen Hafenteilen.

Für den Gesamtplan kommt es darauf an, daß dieses Zufahrtsnetz in Einklang mit den Gleisanlagen und den Wasserflächen gebracht wird. Besondere Schwierigkeiten ergeben sich bei Häfen, die beiderseits eines großen Stromes angelegt sind. Schwimmende Fähren, Brücken (feste und bewegliche jeder Art), Hochbrücken, Schwebefähren und Unterwassertunnel müssen mithelfen, die drei Verkehrsnetze richtig aufeinander abzustimmen. Wir stoßen hier auf das umfangreiche Sonderproblem der Verkehrskreuzungen in den Häfen, auf dessen Bedeutung im Rahmen dieser Betrachtungen nur hingewiesen werden kann.

B. Wasser- und Landflächen für Stückgutumschlaganlagen (Formgebung und Abmessungen).

1. Piers und Kais.

Im Schrifttum findet man häufig die Schlagworte „Piers“ und „Kais“, wobei dann i. a. unter Piers kurze, vielfach nur für eine Schiffslänge ausreichende, senkrecht vom Ufer ins Wasser hineingebaute Zungen verstanden werden, während die Bezeichnung Kai angewandt ist für Umschlagstellen am Ufer oder an ins Land hineingeschnittenen Becken.

Bei der Pierbauweise[1] sind, wie schon angedeutet, schmale Zungen vom Fluß- bzw. Meeresufer aus rechtwinklig oder gelegentlich schräg ins Wasser hineingebaut. In Nordamerika, wo die Pierbauweise gewissermaßen beheimatet ist, bezeichnet man die Wasser fläche zwischen zwei parallelen Zungen als Slip. Das Streben nach größtmöglicher Ausnutzung der Wasserfront führt dazu, den Slip so schmal wie möglich zu halten, was durchführbar ist, wenn gleichzeitig die Pierlänge auf die Länge des abzufertigenden Schiffstyps beschränkt wird. Pierbauten für eine Schiffslänge sind zahlreich in amerikanischen Häfen anzutreffen; daneben gibt es aber auch viele, besonders neue Ausführungen, an denen mehrere Schiffe der Länge nach hintereinander abgefertigt werden können (vgl. dazu die Ausführungen auf S. 24/25).

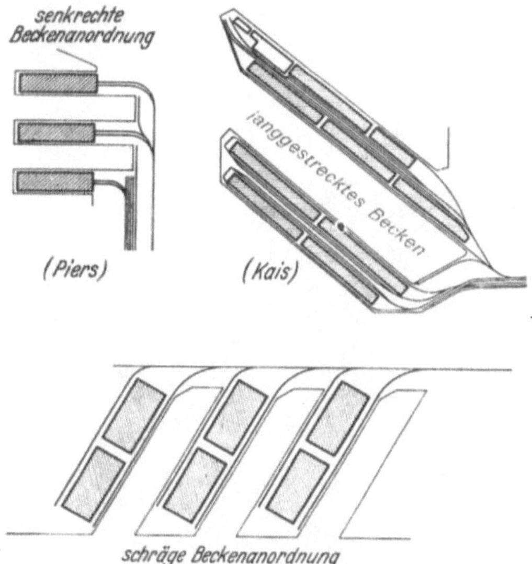

Abb. 10. Grundformen von Stückgutumschlagbecken.

Je nach den Längen- und Breitenmaßen ist es mit Hilfe der Pierbauweise

[1] Der Ausdruck Pier wird hier nur im Sinne der Grundrißform gebraucht, über die Bauweise amerikanischer Piers vgl. Anmerkung auf S. 23.

möglich, 3½ bis 5fache künstliche Verlängerungen der von Natur gegebenen Uferlänge zu erzielen. Dies ist ohne Zweifel ein in die Augen springender Vorteil — häufigste Veranlassung zur Empfehlung dieser Bauweise[1] —, obwohl auch bei ins Land eingeschnittenen Hafenbecken (vgl. unten) bei einigermaßen geschickter Anordnung eine günstige Ausnutzung des ursprünglichen Ufers erreicht werden kann.

Der nordamerikanischen Pierbauweise entsprechende Grundrißformen von Hafenbecken finden wir in der ganzen Welt verbreitet. Kurze Hafenzungen dieser

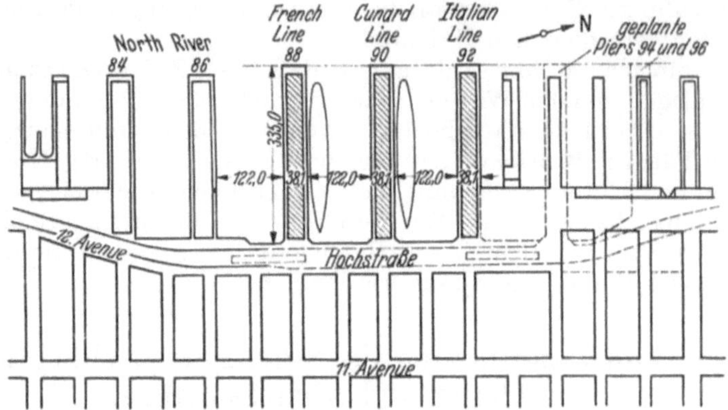

Abb. 11. Lageplan der neuen Piers am North River.

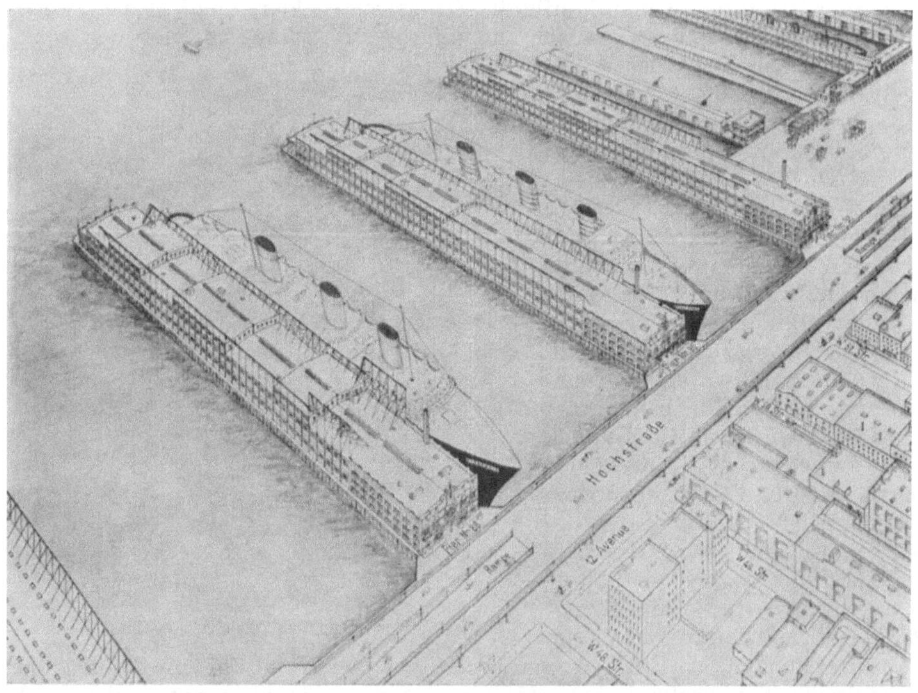

Abb. 12. Schaubild der Piers 88, 90 und 92 in New York.

[1] Ein vorzügliches Beispiel, wie die Ausnutzung einer ursprünglich schlecht ausgenutzten Wasserfläche durch Einbau pierartiger Zungen um ein Mehrfaches zu verbessern ist, bietet der Umbau des Joliettebeckens in Marseille (Bauing. 1937, S. 755/56). In der ursprünglichen Form wies das Becken nur Kais an den vier Seiten auf (Abb. 13). Da die damit zur Verfügung

Art, und zwar innerhalb von abgeschleusten Dockbecken hat beispielsweise Liverpool aufzuweisen. Im Schutze von Wellenbrechern sehen wir sie in zahlreichen Mittelmeerhäfen (Marseille, Abb. 22; Triest, Abb. 23).

Geht man der Entstehungsgeschichte von pierartigen Grundrissen nach, wird

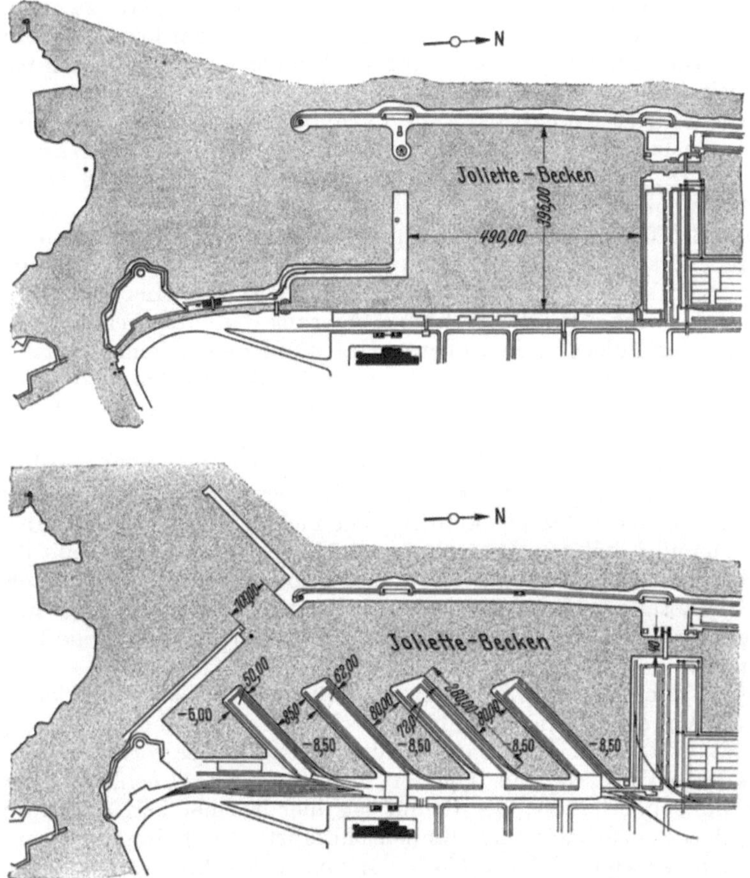

Abb. 13. Joliettebecken in Marseille vor und nach dem Umbau.

stehende Kailänge nur für eine kleine Zahl von Schiffen ausreichte, andererseits der Hafen weit über das gewöhnliche Maß in Anspruch genommen wurde, hatte man sich zur Steigerung der Kapazität genötigt gesehen, die Schiffe statt parallel senkrecht zum Kai zu legen. Damit entfiel dann nicht nur der unmittelbare Landumschlag an sich, sondern auch die Verwendung der dabei üblichen Hebe- und Fördermittel. Man war vielmehr auf die Einschaltung von Leichtern angewiesen. Für die Neugestaltung war maßgebend, daß man 16 Kailiegeplätze für Schiffe von 100—150 m Länge schaffen wollte, wobei der Sonderart des Verkehrs (kleinere Schiffe, häufigere Abfahrten) entsprechend, die Pierbreiten gering gehalten werden konnten. Abzufertigen ist Fahrgast- und Güterverkehr mit Algier, Tunis und Korsika, wobei man mit etwa 400 000 Fahrgästen und einer Million Gütertonnen im Jahr zu rechnen hat. Außerdem ist noch eine kleine Fläche für Fluß- und Hafenfahrzeuge erforderlich. Um die 16 Liegeplätze erstellen zu können, war zunächst eine Vergrößerung der Beckeninnenfläche notwendig, die durch Abbruch der in Abb. 13 erkennbaren Traverse und Neubau von zwei Wellenbrechern, die 100 m Einfahrt freilassen, geschaffen wurde; zugleich wurde die Verbindung mit dem nördlich anschließenden Becken auf 40 m verbreitert. Die Tiefe des Beckens ist auf 8,50 m, in einem kleinen für Flußfahrzeuge bestimmten Teil auf 5 m festgelegt. Die Intensivierung der Wasserfront wird erreicht durch Anlage von vier schräg in das Becken hineinragenden Kaizungen, von denen drei beiderseitig für Seeschiffe zugänglich sind, während die vierte mit ihrer Südseite die schon erwähnte Wasserfläche geringerer Tiefe begrenzt.

man in vielen Fällen (USA., Mittelmeer) feststellen können, daß aus topographischen oder wirtschaftlichen Gründen gar nicht die Möglichkeit bestand, Hafenbecken ins Land einzuschneiden. Der Vorbau ins Wasser war also mehr oder weniger erzwungen. Wesentliche Voraussetzung ist dann aber, daß vor den Zungenköpfen noch eine geräumige Wasserfläche zur Verfügung bleibt. Der Zwang nämlich, ein Schiff senkrecht zum Fahrwasser an einen Liegeplatz zu manövrieren, der bei höchster Ausnutzung der Uferlänge wenig oder gar keinen Spielraum bietet, führt in Häfen mit Strom oder starken Winden zu beachtlichen navigatorischen Schwierigkeiten (vgl. dazu Abb. 11 und die Fußnote [1]).

Typische Vertreter mit Kais, wenn darunter Umschlagstellen an dem Lande abgewonnenen längeren Einschnitten verstanden werden, sind Hamburg und Bremen (vgl. S. 25). Becken dieser Art sind bis zu einer gewissen Grenze, die in der Eisenbahnausrüstung liegt (vgl. a. a. O.) insofern vorteilhaft, als es möglich ist, in ihnen Schiffe verschiedener Längen wirtschaftlich abzufertigen. Daß, wie schon angedeutet, bei geschickter Grundrißanordnung günstige Uferausnutzung erreicht werden kann, zeigt u. a. der Hamburger Hafen. Hier ist bei den rechtselbischen Häfen eine etwa dreifache Vermehrung der entsprechenden Uferlänge der Elbe, bei den linkselbischen oberen Häfen auf dem Kleinen Grasbrook eine etwa 6½fache, und durch das Einschneiden der Kuhwärder- und Roßhäfen ist sogar eine annähernd 10fache Vermehrung der entsprechenden Uferlänge erreicht worden.

Der Unterschied zwischen Piers und Kais als Grundformen wurde aus dem Grunde schärfer herausgestellt, weil sich so die Vor- und Nachteile am instruktivsten aufzeigen lassen. Rezepte können aber nicht gegeben werden. In der Praxis liegt es nämlich mit der Formgebung von Häfen so, daß einerseits die besonderen topographischen Verhältnisse, auf der anderen Seite betriebliche Anforderungen die Lösung bestimmen. Daraus erklärt sich dann, daß man in so vielen Häfen beide Grundformen nebeneinander oder noch mehr Übergänge bzw. Mischformen findet.

In diesem Sinne mag vermerkt werden, daß auch das Land der Piers beispielsweise in Los Angeles einen Hafen mit Becken entsprechend der Hamburger Bauweise besitzt, weil nämlich von Natur ähnliche Verhältnisse vorliegen. Umgekehrt hat in Amsterdam der in neuerer Zeit errichtete Coenhafen senkrechte pierartige Zungen erhalten; der Grund lag hier in einer bereits erwähnten besonderen Berücksichtigung der Binnenschiffahrt. In Triest ist man in dem neueren Freihafen Duca d'Aosta (Abb. 23) von senkrechten Zungen abgegangen. Ebenso besitzt in Marseille (Abb. 22) das aus neuerer Zeit stammende Wilsonbecken schräge Zungen, desgleichen das gerade umgebaute Joliettebecken (vgl. Anm. S. 14). Die Zahl der Beispiele mit beiden Formen nebeneinander ließe sich beliebig vermehren.

Auch für die Grundrißgestaltung von Binnenhäfen sind Grundformen entwickelt. Wir entnehmen einige Andeutungen hierüber einem Vortrage über „Die Technik der Binnenhäfen“[2], Agatz, Berlin.

Die eine Skizzenfolge zeigt Grundrisse von Flußhäfen. Wir unterscheiden das parallel zur Flußachse ausgebaute Ufer und ferner den im spitzen Winkel zum Fluß abzweigenden

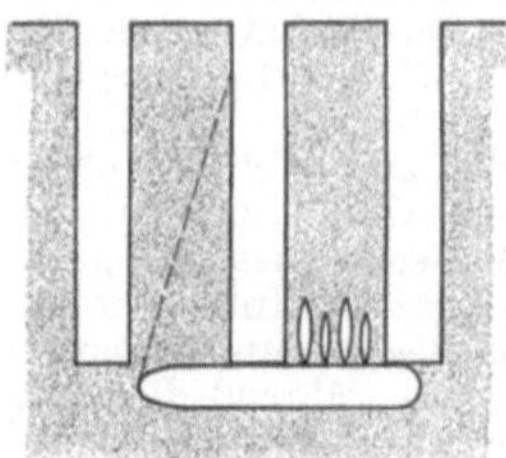

[1] Im Hafen von New York können, da im Hudson zeitweise nicht unbedeutender Strom läuft, nur kleine Dampfer in freier Fahrt an ihren Liegeplatz gelangen. Die großen Überseedampfer können nur unter Zuhilfenahme mehrerer kräftiger Schlepper an den Pier gebracht werden. Dabei wird das quer vor den Pier gelegte Schiff um die Pierkante gedreht, indem die Schlepper, deren Steven gepolstert sind, das hintere Ende des Seeschiffes schieben.

[2] Die Binnenhäfen, ihre wirtschaftspolitischen, betriebswirtschaftlichen und technischen Probleme. Stuttgart und Berlin: W. Kohlhammer 1938, S. 146ff. — Skizzen daselbst entnommen.

Hafenkanal; letzterer bildet entweder selbst den Hafen, oder es zweigen von ihm kamm- oder gabelförmig und parallel, schräg oder senkrecht zum Fluß einzelne Hafenbecken ab. Die Lage dieser Einzelbecken ist abhängig von topographischen oder betrieblichen (Eisenbahn) Verhältnissen. Häufig kann auch eine Flußkrümmung (Düsseldorf) vorteilhaft zur Anlage von Hafenbecken ausgenutzt werden.

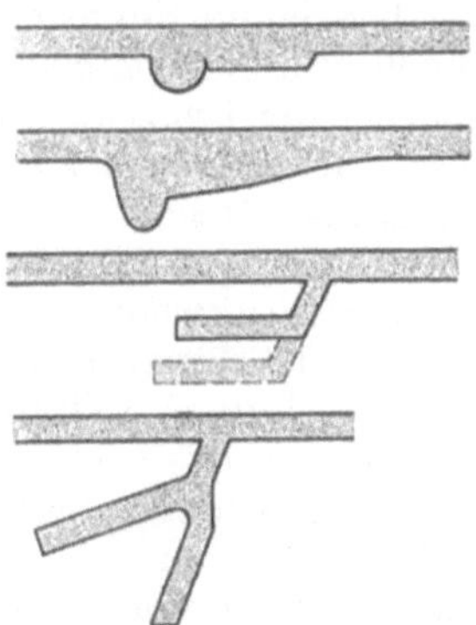

Formen von Kanalhäfen.

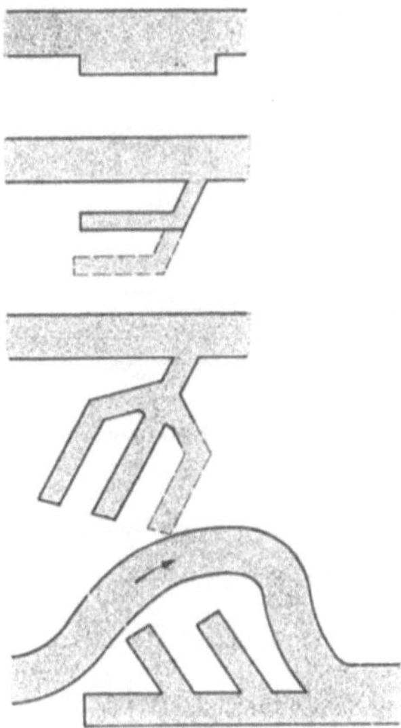

Grundrisse von Flußhäfen.

Auch bei den Kanalhäfen finden wir parallel oder schräg zur Kanalachse ausgebaute Ufer sowie kamm- und gabelförmige Lösungen.

Auf Abmessungen von Binnenhäfen (Becken und Landzungen) kann hier nicht näher eingegangen werden. Um wenigstens einen Vergleich mit den Verhältnissen in den Seehäfen zu ermöglichen, sei erwähnt, daß der neuzeitlichen Forderungen entsprechende Berliner Westhafen drei Becken von je 55 m Breite und 350, 450 bzw. 654 m Länge besitzt. Zwei Landzungen sind 96 m bzw. 98 m breit (vgl. Jb. Hafenbautechn. Ges. 15. Bd. S. 3). Ferner zeigt Abb. 24 Abmessungen eines neuzeitlichen Kanalhafens.

2. Die Wasserflächen der Stückguthafenbecken.

Die Abmessungen von Hafenbecken sind sehr verschieden, da sie von zahlreichen örtlich bedingten Faktoren abhängig sind. Insbesondere sind zu nennen die abzufertigenden Schiffsgrößen[1], die für die Schiffe erforderliche Bewegungsmöglichkeit, letztere wieder abhängig von Zufahrtsstraßen oder Vorbecken, die Art des abzufertigenden Verkehrs und die Schnelligkeit, mit der man diesen bewältigen will, sowie schließlich bestimmende Einflüsse des Geländes oder bereits bestehender Anlagen. Es können daher hinsichtlich der Abmessungen nur einige Richtlinien gegeben werden, die am ehesten bei der Planung neuer Anlagen von Nutzen sein können.

Daß man aus navigatorischen und eisenbahntechnischen Gründen praktischerweise Hafenbecken im Winkel vom Strom oder der Hauptzufahrt abzweigen läßt, war schon erwähnt. Das Maß des Winkels kann nur von Fall zu Fall festgelegt werden. Erinnert sei daran, daß senkrecht abzweigende Becken sich am ungünstigsten an die Eisenbahn anschließen lassen.

Auch über die zweckmäßige Länge von Hafenbecken können nur bedingte Angaben gemacht werden. Die geringste Länge ergibt sich, wenn an den Kais nur je ein Schiff abgefertigt werden soll. Will man mehrere Schiffe hintereinander bedienen, muß dies bei der Breite berücksichtigt werden, da eine genügende Fahrrinne zwischen den am Kai liegenden Schiffen — bei sehr langen Becken müssen sich zwei Schiffe begegnen können — freibleiben muß. Die Grenze der Beckenlängen wird aber durch die Eisenbahnausrüstung gegeben. Wenn man beispielsweise in Bremen 1850 m bzw. 1950 m lange Hafenbecken und in Antwerpen (Scheldekai) einen noch längeren Kai findet, und wenn es an sich auch möglich ist, diese Längen eisenbahntechnisch zu unterteilen, so bestätigen diese Ausnahmen doch nur die Regel, daß die Eisenbahnbedienung so langer Kais

[1] Vgl. hierzu die Ausführungen über die Zusammenhänge zwischen Seeschiffahrt und Hafenbau.

schwierig und teuer ist. Die neueren Erfahrungen kann man wohl dahin zusammenfassen, daß für Kailängen von 900—1000 m die günstigsten Eisenbahnanschlüsse zu erreichen sind. Der Abschnitt über Hafenbahn bringt darüber noch weitere Angaben.

Abb. 14. Hafenbecken für zwei Schiffslängen.

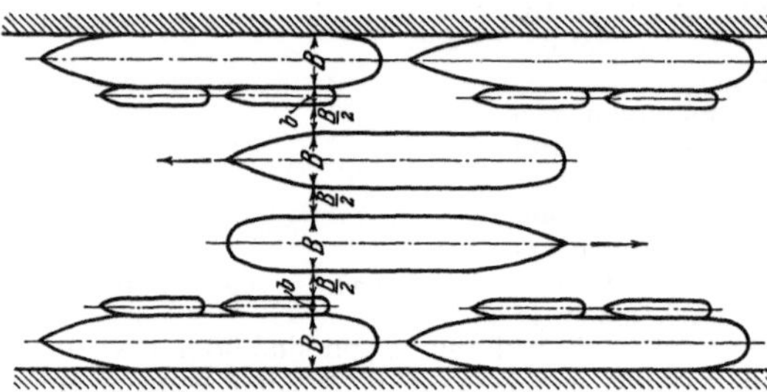

Abb. 15. Hafenbecken für mehr als zwei Schiffslängen.

Hinsichtlich der **Breiten** von Hafenbecken lassen sich noch am leichtesten gewisse Regeln geben. Nach Proetel[1] genügt bei Becken von nur einer Schiffslänge ein Spielraum von 10—15 m zwischen den beiden Seeschiffen. Soll aus den Seeschiffen auch noch in Flußschiffe umgeschlagen werden, ist die Beckenbreite um zwei Binnenschiffsbreiten, d. h. 15—20 m zu vergrößern. Bei für zwei Schiffslängen bestimmten Becken muß zwischen den am Beckeneingang liegenden Schiffen noch Raum für die Durchfahrt zum hinteren Beckenteil bleiben; diese Durchfahrt ist mit zwei Schiffsbreiten zu bemessen (vgl. Abb. 14). Bei noch größeren Längen muß die Begegnung zweier Schiffe ohne Störung des Löschbetriebes möglich sein; diese Weite wird mit 3½ Schiffsbreiten (vgl. Abb. 15) bemessen.

Setzt man für große Seeschiffe die Länge mit 250—300 m und die Breite zwischen 25 und 30 m an, so ergeben sich folgende Mindestabmessungen:

Kailänge für ein Schiff	Beckenlänge 250—300 m
	Beckenbreite 80— 95 m
„ „ zwei Schiffe	Beckenlänge 500—600 m
	Beckenbreite 120—140 m
„ „ mehrere Schiffe . . .	Beckenlänge 750 m und mehr
	Beckenbreite 160 m „ „

Französische Hafenbauer[2] gelangen unter der Voraussetzung, daß an der freien Seite des am Kai vertäuten Seeschiffes (20 m) ein Schwimmkran (10 m)

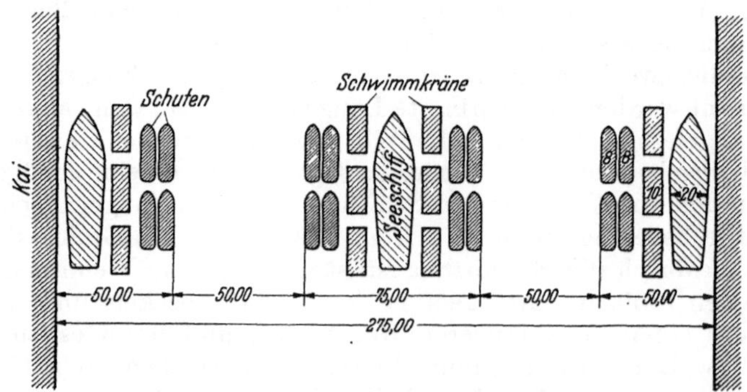

Abb. 16. Hafenbecken für Kai- und Strombetrieb.

[1] Proetel: See- und Seehafenbau. S. 143. Berlin: Julius Springer 1921.

[2] Vgl. **Travaux Maritimes, Tome III**, S. 15, Paris 1940. Dunod. Abb. daselbst entnommen.

in zwei Reihen von Schuten (je 8 m) arbeitet, zu etwa 50 m Breite an der Kaiseite und unter Berücksichtigung des ein- und ausgehenden Verkehrs zu einer abgerundeten Gesamtbreite des Beckens von 150 m (Abb. 16).

Wenn außerdem noch reiner Umschlag im Strom stattfinden soll, sind der Skizze entsprechend in der Mitte des Beckens noch aus Seeschiffen, Schwimmkränen und Schuten bestehende Gruppen von je 75 m Breite vorzusehen. Bei Freilassung von 50 m Durchfahrt zwischen den Betriebsgruppen ergibt sich dann eine Gesamtbreite von nahezu 300 m.

War bisher in bezug auf die Form von rechteckigen Wasserflächen ausgegangen, so ist noch auf die Trapezform hinzuweisen. Die Erleichterung für das Manövrieren der Schiffe ist in die Augen springend, wenn unter Zugrundelegung der nach obigem ermittelten Breiten als Mittelmaß die Breite der Wasserfläche nach der Einfahrt hin zunimmt. Gleichzeitig bietet, wie noch a. a. O. (Abb. 79) ausgeführt wird, die Einschränkung der Beckenbreite nach dem Lande zu den Vorteil günstigen Eisenbahnanschlusses. Die im umgekehrten Sinne sich ergebende Trapezform der Hafenzunge erhält dadurch ihre Berechtigung, daß über das landseitige Ende die größere Verkehrsmenge läuft.

Abb. 17. Trapezförmige Hafenbecken.

Für die Festlegung der Tiefe ist der Tiefgang des größten, das Becken aufsuchenden Schiffes maßgebend; wie schon a. a. O. erwähnt, erhalten für große Seeschiffe bestimmte Becken zur Zeit 10—12 m Tiefe, die Stärke des unter dem Kiel erforderlichen Wasserpolsters liegt zwischen 0,5 m und 1,0 m.

Um in bezug auf die Abmessungen der Stückgutbecken[1] insbesondere hinsichtlich der Breiten einige praktische Beispiele zu geben, sei erwähnt, daß die Breiten des dreigliederigen Merwehafens in Rotterdam (1919—1931) sich auf 115 m, 120 m und 135 m belaufen (Kailängen zwischen 219 m und 636 m). Der noch im Ausbau begriffene Coenhafen in Amsterdam hat 66 m, 75 m, 90 m, 150 m und 155 m breite Becken (Kailängen zwischen 300 m und 380 m). Die Bremer Stückgutbecken sind 120 m breit (die abnormen Kailängen vgl. oben).

Durch besondere Breiten zeichnen sich die Hamburger Hafenbecken aus. Sie enthalten in ihrer Mitte Pfahlreihen, an denen weitere Reihen von Seeschiffen im Strombetrieb abgefertigt werden können (vgl. Abb. 1). So beläuft sich die mittlere Breite des mit zwei Pfahlreihen ausgestatteten Segelschiffhafens (1888) auf 280 m (Kailängen 950 m und 1500 m). Der nur eine Pfahlreihe enthaltende Kaiser-Wilhelm-Hafen (1900—1903), in dem die großen Fahrgastschiffe der Hamburg-Amerika-Linie abgefertigt werden, ist 220 m breit (Kailängen 890 und 1080 m). Die im Zuge der Neugestaltung des Hamburger Hafens geplanten Becken für Stückgutumschlag werden Breiten von 200 m und 300 m (bei Kailängen von 1200, 1400 und 1600 m) erhalten.

Die Größe der Wasserflächen bei den New Yorker Großschiff-Piers ergeben sich aus Abb. 11. Weitere Beispiele von Beckenabmessungen können den verschiedenen Lageplänen entnommen werden.

Versucht man hinsichtlich der Formgebung abschließende Feststellungen zu treffen, ohne wie gesagt eine allgemein gültige Regel finden zu können, so ist es die, daß man unter den in den letzten Jahren entstandenen Hafenneubauten bzw. -entwürfen zahlreich schräg zur Uferlinie verlaufende Hafenbecken von nicht zu großer Länge (für zwei bis drei Schiffe) findet, und zwar sowohl bei

[1] Die schon erwähnten französischen Hafenbauer haben für eine Anzahl Häfen das Verhältnis der nutzbaren Kailänge in Meter (nur Längsseiten) zur Einheit (Hektar) der Beckenoberfläche ermittelt. Sie kommen zu dem Ergebnis, daß man bei Entwürfen zweckmäßig 100 bis 150 m Kai je Hektar Beckenfläche ansetzt.

durch Einschnitt in das Land gewonnenen Becken als auch bei in eine Wasserfläche vorgebauten Zungen (vgl. hierzu die Abb. 23).

3. Die Bemessung der Landflächen.

Während bisher die Bemessung der Wasserflächen behandelt wurde, wird nunmehr auf die für die Grundrißgestaltung des Hafens nicht minder wichtige Ausdehnung der diesen zugeordneten Landflächen (Kaiflächen) eingegangen.

Die Gesamtlänge der Kaifläche ist durch die Länge des zugeordneten Beckens festgelegt; die Länge der einzelnen Umschlaganlagen ist abhängig von der Anzahl und Art der Seeschiffe, die der Länge nach an ihnen abgefertigt werden sollen[1]. Zu berücksichtigen ist, daß zwischen den Kaischuppen Flächen freibleiben müssen, auf denen die Eisenbahnwaggons (vermittels S-förmiger Verbindungen) und die Lastwagen an die Wasserseite herangeführt werden. Derartige Zwischenräume, die in jedem Falle einen guten Brandschutz bilden, werden häufig so bemessen, daß sie zur Lagerung von Stückgütern, die keines Daches bedürfen, herangezogen werden.

Die Breite der Landzungen richtet sich nach der nachstehend im einzelnen behandelten Ausrüstung mit Straßen, Gleisen, Kränen, Schuppen und Speichern, die je nach Zweckbestimmung und örtlicher Gewohnheit in bestimmter Reihenfolge hintereinander anzuordnen sind.

Folgende Arten des Warenaustausches zwischen Schiff und Kai[2] sollen unterschieden werden:

1. Die mit dem Seeschiff ankommende Ware wird mittels Flußschiff, Eisenbahn oder Lastwagen unmittelbar in das Inland weiter transportiert, oder

2. die ankommende Ware wird am Ort verbraucht und durch Hafenfahrzeug oder Lastwagen abgeholt.

Diese beiden Möglichkeiten erfordern wasserseitig gelegene Straßen und Gleise.

3. Das einkommende Gut wird zwecks Besichtigung, Sortierung, Umpackung oder Verzollung ausgebreitet und nach erfolgter weiterer Verfügung schnellstens mittels Binnenschiff, Eisenbahn, Lastwagen oder Hafenfahrzeug weitergeleitet.

Dieser Fall kann dadurch noch eine Erweiterung erfahren (3a), daß das Gut, anstatt aus dem Hafen wieder herauszugehen, zwecks langfristiger Lagerung in besonderen Bauwerken im Hafen verbleibt.

Der unter 3 genannte Fall bedingt die größte Kaiflächenbemessung; er erfordert für das Ausbreiten der Güter hinter den Straßen und Gleisen anzuordnende Kaischuppen und womöglich noch für die unter 3a erwähnte langfristige Lagerung Speicherräume, je nachdem wie in dem betreffenden Hafen — vgl. hierzu die Ausführungen auf S. 61 — die Speicherfrage gelöst ist.

Das wirtschaftliche Problem der Kaiflächenbemessung liegt darin, mit Hilfe der sich aus den Fällen 1 bis 3 ergebenden Anlagen den Schiffsliegeplatz — Liegeplätze (Kaibauten) an seeschifftiefem Wasser sind bekanntlich sehr teuer — bestmöglich auszunutzen. Dieses Ziel ist nur dann zu erreichen, wenn alle beim Warenumschlag beteiligten Faktoren auf ein gleiches Schrittmaß abgestellt sind. Diesbezüglich sind zu nennen:

1. die Stauerarbeit im Seeschiff,
2. die Leistungsfähigkeit des Bordgeschirrs und die Kaikräne,
3. die Leistungsfähigkeit der Flurfördergeräte,
4. die Bemessung der Flächen für kurz- und langfristige Lagerung,

---

[1] Als Anhalt bei Entwürfen kann man für einen laufenden Meter Kai 300—500 t Umschlagleistung im Jahr ansetzen.

[2] Der Einfachheit halber ist nur die Einfuhr behandelt. Bei der Ausfuhr ergeben sich entsprechende Handlungen auf umgekehrten Wegen.

5. die Organisation der An- und Abfuhr durch die verschiedenen Verkehrsmittel.

Die richtige Abstimmung aller dieser Vorkehrungen aufeinander und auf den zu bewältigenden Durchschnitts- oder auch Spitzenverkehr ist für den Wert der Gesamtanlage entscheidend[1].

Eine allgemeine Anordnung einer mit Schuppen und Speichern ausgestatteten Kaifläche gibt F. W. Otto Schulze in seinem Seehafenbau (Bd. II, 2. Aufl., Abb. 343, S. 289). Mit Hilfe dieser Skizze können die für verschiedene Verhältnisse erforderlichen Kaibreiten ermittelt werden, wobei die kleineren Zahlen für einfachere Verhältnisse gedacht sind.

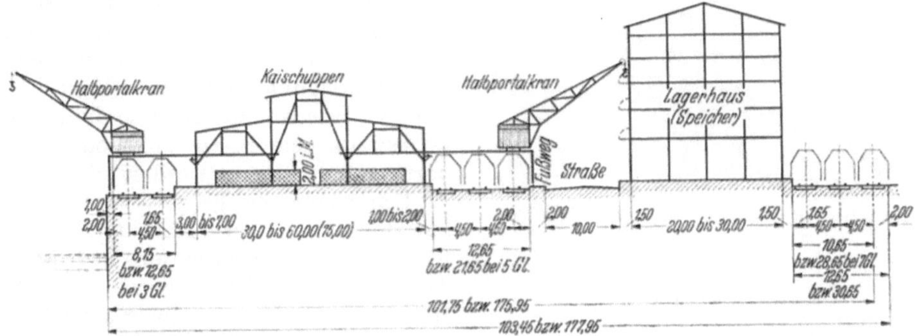

Abb. 18. Allgemeine Anordnung einer mit Schuppen und Speichern ausgestattete Kaifläche.

Die Auffassung französischer Hafenbauer[2] über die bei Aufteilung der Landflächen zu berücksichtigenden Maße gibt Abbildung 19.

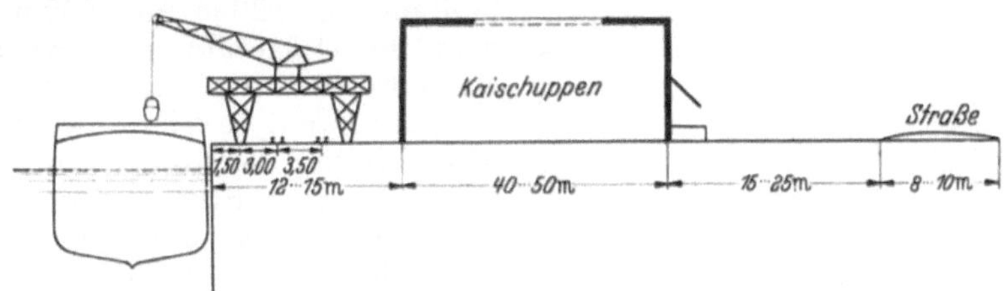

Abb. 19. Aufteilung einer Kaifläche nach französischen Angaben.

Im einzelnen sei noch bemerkt, daß man in bezug auf die Breite des zwischen Kaikante und vorderer Kranstütze freizuhaltenden Streifens in den einzelnen Häfen verschiedene Maße (bis zu 1,5 m) findet, je nachdem man dabei die Sicherheit des an der Kaikante verkehrenden Schiffs- und Hafenpersonals oder die Kollisionsgefahr zwischen Schiffsaufbauten und Kränen berücksichtigen muß.

Der Abstand zwischen dem wasserseitigen Krangleis und der Achse des wasserseitigen Eisenbahngleises schwankt zwischen etwa 2,0 m und 3,0 m. In bezug auf den Abstand der Gleisachsen ergibt die französische Quelle nur 3,50 m gegenüber 4,50 m in Deutschland. Sollen zwischen den Gleisen behelfsmäßige Rampen[3] oder

[1] Beispielsweise ist der Aufschwung der deutschen gegenüber den englischen Häfen wesentlich auf die in den deutschen Häfen früher erfolgte bessere Ausrüstung zurückzuführen; ferner sei in diesem Zusammenhang an den aus Wettbewerbsgründen laufend sich abspielenden Wettlauf in bezug auf rationellere Ausrüstung zwischen Hamburg, Rotterdam und Antwerpen rinnert.

[2] Vgl. Travaux Maritimes, Tome III S. 19. Paris 1940. Dunod. Abb. daselbst entnommen.

[3] Vgl. Fußnote S. 33.

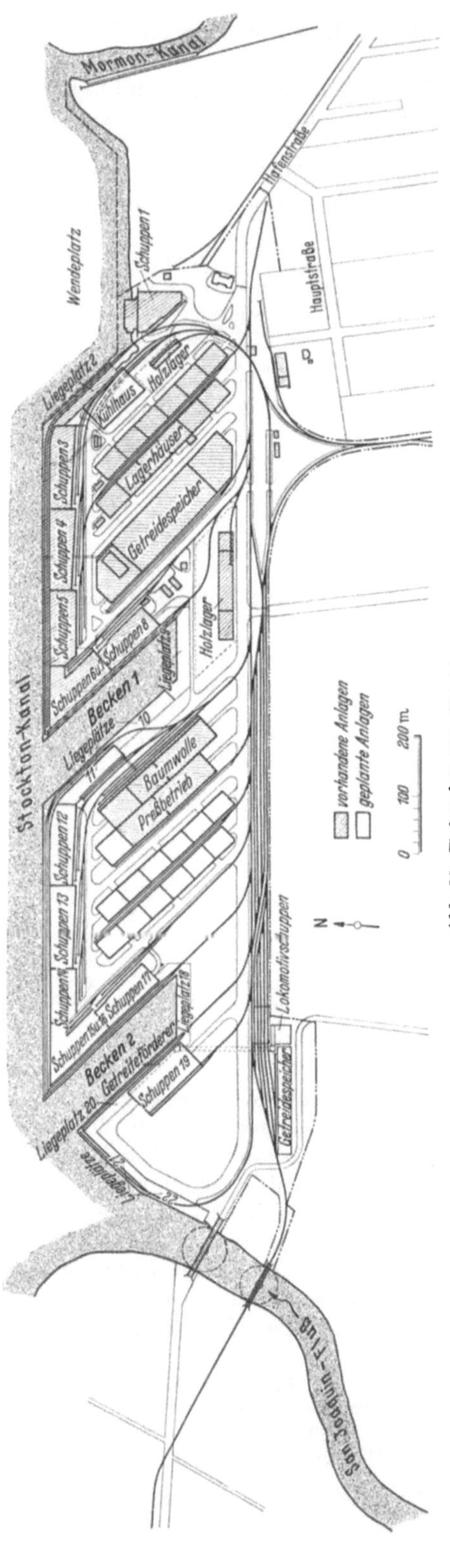

Abb. 20. Hafenplan von Stockton.

Förderbänder Aufstellung finden, so sind dafür etwa 2,50 m freizuhalten. Daß Kaischuppen unmittelbar an der Kaikante errichtet werden, kommt nur gelegentlich vor (England) und braucht daher nicht weiter erörtert zu werden.

Die sich aus den Abbildungen 18 und 19 sowie den erläuternden Ausführungen ergebenden Geländebreiten brauchen bei Zungen mit beiderseitiger Abfertigung nicht unbedingt verdoppelt werden, da gewisse Landverkehrswege gemeinsam sind oder proportionell verringert werden können.

Um wieder einige praktische Zahlen zu nennen, sei bemerkt, daß die Kaizungen des Merwehafens in Rotterdam 115 m und 155 m breit sind. In Hamburg sind die den Kaiser-Wilhelm-Hafen begrenzenden Landzungen 150 m und 174 m breit. Die den geplanten Stückgutbecken zugeordneten Landzungen werden 200 m und 220 m breit sein. In Triest hat eine der neuen Kaizungen 157 m Breite erhalten. Der Wettbewerb für den Freihafen in Barcelona ergab Vorschläge für Zungenbreiten von 220 m und 250 m. Daß man im Gegensatz dazu auch mit einem wesentlich geringeren Maße auskommen kann, beweisen die 50 m und 55 m breiten Landzungen des Coenhafens in Amsterdam und die Breiten der Zungen des Joliettebeckens in Marseille, die sich zwischen 50 m und 72 m bewegen.

Eine in bezug auf Einheitlichkeit der Gesamtanlage beachtliche Gestaltung der Wasser- und Landflächen weist der amerikanische Hafen Stockton[1] auf. Da die Anlagen unter vergleichbaren Verhältnissen Nachahmung verdienen, wird nachstehend eine kurze Beschreibung gegeben.

Das erst seit wenigen Jahren im Aufbau begriffene Stockton liegt etwa im Mittelpunkt des Staates Kalifornien. Vermittels eines 1933 eröffneten Kanals, der die Verbindung

[1] Jb. hafenbautechn. Ges., Bd. 15, S. 125ff.; Abbildungen daselbst entnommen. In der angegebenen Quelle wird Stockton als der größte einheitlich gestaltete Hafen der Vereinigten Staaten an der Küste des Stillen Oceans bezeichnet.

mit dem San Joaquin herstellt, erhielt die Stadt Anschluß an den Seeschiffsverkehr und konnte sich daraufhin einen Seehafen schaffen.

Der Hafen ist entwickelt nach dem sog. Gemeinschaftsprinzip, d. h. die Hafenanlagen sind zu einer unter gemeinsamer Verwaltung stehenden Einheit zusammengefaßt, wodurch in Verbindung mit Höchstleistungen im Löschen und Laden der größte Wirkungsgrad in der Ausnutzung der Schiffsliegeplätze erzielt werden soll; hierbei werden an der gleichen Kaistrecke Schiffe verschiedener Linien neben- oder nacheinander abgefertigt.

Wie sich aus dem Lageplan (Abb. 20) ergibt, besteht der Hafen im wesentlichen aus zwei annähernd gleich gestalteten, schräg vom Ufer ausgehenden Kaizungen, die im Vergleich zu allen bisher angeführten Lösungen reichlich breit (etwa 500 m) und in der Längsachse kurz (etwa 300 m) gehalten sind. Bei der Wahl dieser Grundrißgestaltung wurde berücksichtigt, daß die Umschlagschuppen in der

Abb. 21. Luftbild des Hafens von Stockton nach Vollendung des ersten Bauabschnittes.

Hauptsache vor dem Kopf der Kaizungen angeordnet sind, was möglich ist, da der Kanal ein ruhiges Liegen der Schiffe gewährleistet. Die den Umschlagschuppen zugeordneten zwölf Lagerhäuser (Speicher) sowie ein Getreidespeicher und ein Kühlhaus sind in drei in Richtung der Schuppenachse verlaufenden Reihen errichtet. Nach Ansicht der Erbauer ist mit dieser Aufteilung das unter den gegebenen Umständen günstigste Verhältnis zwischen Schuppen und Speichern sowie den entsprechenden Kaiflächen und Kailängen gegeben.

Schließlich sollen noch einige Angaben über die Abmessungen amerikanischer Pierbauten[1] gemacht werden.

Entsprechend den am Anfang dieses Abschnittes gemachten Ausführungen sind bei der ausgesprochenen Pierbauweise[2] die Landzungen schmal gehalten; Schulze nennt Breiten

[1] Leser, die an weiteren Einzelheiten interssiert sind, seien auf F. W. Otto Schulze, Seehafenbau, Bd. II, 2. Aufl., S. 276—282 sowie auf E. Foerster, Nordamerikanische Seehafentechnik, Berlin: Julius Springer 1926, verwiesen.

[2] Bei der amerikanischen Pierbauweise sind im Gegensatz zu der in Europa üblichen Einfassung mit Kaimauern die Zungen fast immer auf Holz- oder Eisenbetonpfahlrost gegründet (Anlegebrücke mit Aufbauten). In vielen Fällen kann als Grund angenommen werden, daß man durch diese offene Bauweise den natürlichen Lauf des Stromes nicht mehr als nötig stören wollte.

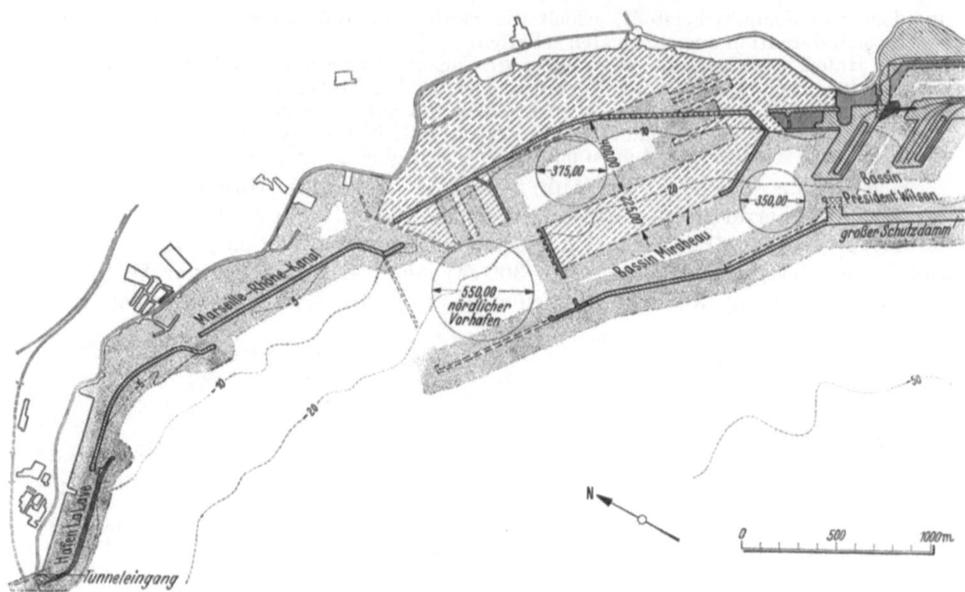

Abb. 22. Lageplan des

von 20—40 m. Die Längen richten sich nach dem abzufertigenden Schiffstyp und haben bei den für die großen Fahrgastschiffe bestimmten Piers in New York das beachtliche Maß von 335 m (Abb. 11) erreicht. Die Landzungen sind im Hinblick auf ihre geringe Breite ganz mit einem Schuppen besetzt, womit das Streben nach bester Ausnutzung des teuren Pierbaus zum Ausdruck kommt. Zwischen Kaikante und Schuppen verbleiben nur schmale Streifen, die zum Festmachen der Schiffe benötigt werden. Die geringen Gesamtbreiten sind z. T. nur dadurch überhaupt möglich, daß viele Piers — beispielsweise in New York — ohne jeden Eisenbahnanschluß sind, andererseits haben viele der schmalen Piers zwecks besserer Ausnutzung der Grundfläche (vgl. darüber Abschn. II C 2) zweigeschossige Schuppenaufbauten erhalten. Die An- und Abfuhr erfolgt durch Lastwagen, die unmittelbar in die Schuppen hineinfahren, und zwar bildet die Schuppenachse die Verkehrsstraße. Das Überladen der Güter erfolgt mangels der in Europa üblichen Kaikräne, für die kein Platz vorhanden ist, vermittels der an Bord der Schiffe befindlichen Hebezeugeinrichtungen; daneben wird häufig mit Seitenpforten unter Zuhilfenahme von kurzen Laufstegen gearbeitet (vgl. die Anm. S. 6 über die Benutzung von Seitenpforten).

In Häfen, wo auf unmittelbaren Eisenbahnanschluß der Piers nicht verzichtet werden konnte, sind die Eisenbahngleise bei entsprechender Vergrößerung der Gesamtbreite in der Längsachse des Piers in die Schuppen hineingeführt worden. Bei noch stärkerem Bahnverkehr sind auch noch Gleise an den Kaikanten dazugekommen.

Die weitere Entwicklung, insbesondere der immer mehr an Bedeutung gewinnende Lastwagenverkehr hat dann dazu geführt, den in der Längsachse gelegenen aus Straße und Gleisen bestehenden Verkehrsstreifen unüberdeckt zu lassen und je einen Schuppen an den beiden Wasserlängskanten vorzusehen. Eine derartige Anordnung aus Los Angeles, bei der dann eine Breite von 135 m erreicht wird, ist in Abb. 86 im Querschnitt dargestellt. Ähnliche von Foerster als Doppelpiers gekennzeichnete Anlagen sind auch noch in anderen amerikanischen Häfen zu finden. Diese neuen amerkanischen Ausführungen entsprechen, wenn man von der Hebezeugausrüstung absieht, völlig den neuen in Europa üblichen Kaianlagen. Sie können demnach mit zur Erhärtung der oben gemachten Feststellung herangezogen werden, daß in der Praxis nicht der krasse Unterschied zwischen Kais und Piers besteht, wie er im Schrifttum zuweilen herausgestellt wurde.

* * *

Die im Abschnitt II B 1 bis 3 gemachten Ausführungen über Formgebung und Abmessungen der Wasser- und Landflächen von Stückgutumschlaganlagen werden nachstehend durch einige Übersichtspläne ergänzt.

Die Stückgutbecken in Bremen weisen eine Stromhäfen eigentümliche Grund-

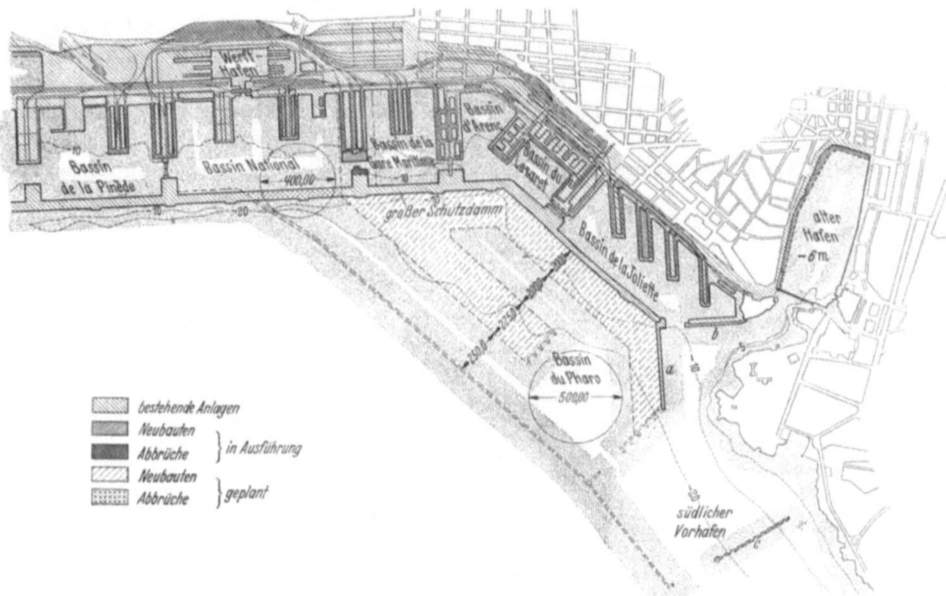

Hafens Marseille.

rißgestaltung auf. Die in das Land eingeschnittenen verhältnismäßig schmalen Becken (120 m) zweigen unter spitzem Winkel vom Strom ab und verlaufen annähernd parallel zum Ufer; die Längen belaufen sich auf 1950 m bzw. 1850 m.

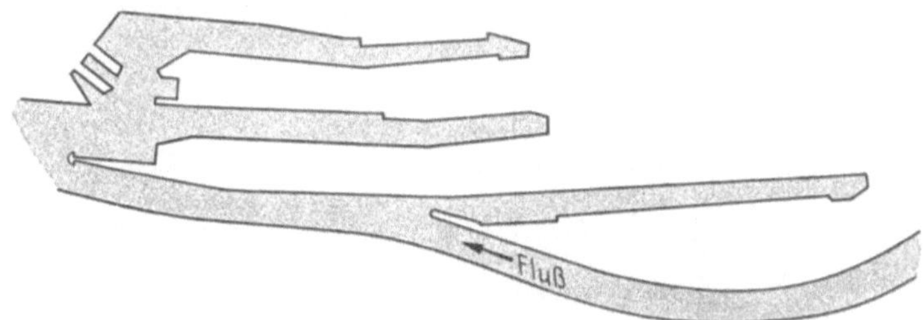

Da der Flußschiffverkehr zurücktritt, ist auf besondere Becken für Binnenschiffe verzichtet, dafür ist die Eisenbahnausrüstung des Hafens um so reichlicher.

Die in Marseille[1] im Laufe des 19. Jahrhunderts senkrecht zum Ufer angelegten Zungen haben sich sowohl in bezug auf Schiffsbewegungen als auch hinsichtlich der Gleisanschlüsse als unzulänglich erwiesen. Die ursprünglichen Drehscheibenanschlüsse sind weitgehend durch Weichenanschlüsse ersetzt. Die Zungen des Wilsonbeckens (erbaut 1912—1922) und Joliettebeckens[2] (Umbau nach 1932) verlaufen schräge zur Hauptachse. Im Verhältnis zu den neueren im Hafen verkehrenden Schiffen von 200 m und mehr Länge ist bei sämtlichen Zungen die Länge — i. a. 300 m, ausnahmsweise bis 400 m — unzureichend. Für die neuen Hafenbecken (Mirabeau und du Pharo) ist daher die aus dem Plan ersichtliche, von der alten Bauweise gänzlich abweichende Gestaltung, wobei auch die vorherrschenden Windrichtungen berücksichtigt werden, gewählt. Die Zungenbreiten sind von 90—120 m auf 130—140 m beim Wilsonbecken gewachsen; für die neuen Hafenbecken ist eine Breite von 225 m vorgesehen.

[1] Jahrbuch HTG. 17. Bd. S. 246 u. f.; Abb. 22 daselbst entnommen.
[2] Vgl. Abb. 13.

Die Kaizungen des Triester Hafens (Abb. 23) sind, wie in den meisten Mittelmeerhäfen, dem Meer abgewonnen. Der Stückgutumschlag spielt sich zur Hauptsache in den beiden Freihäfen ab, dem nördlichen Vittorio Emanuele III. und dem südlichen neueren Duca d'Aosta. Der nördliche (ältere) Freihafen ist durch senkrecht zum Ufer angeordnete Kaizungen gekennzeichnet. Die Kaizungen sowie die Uferflächen tragen eingeschossige Umschlagschuppen, landeinwärts

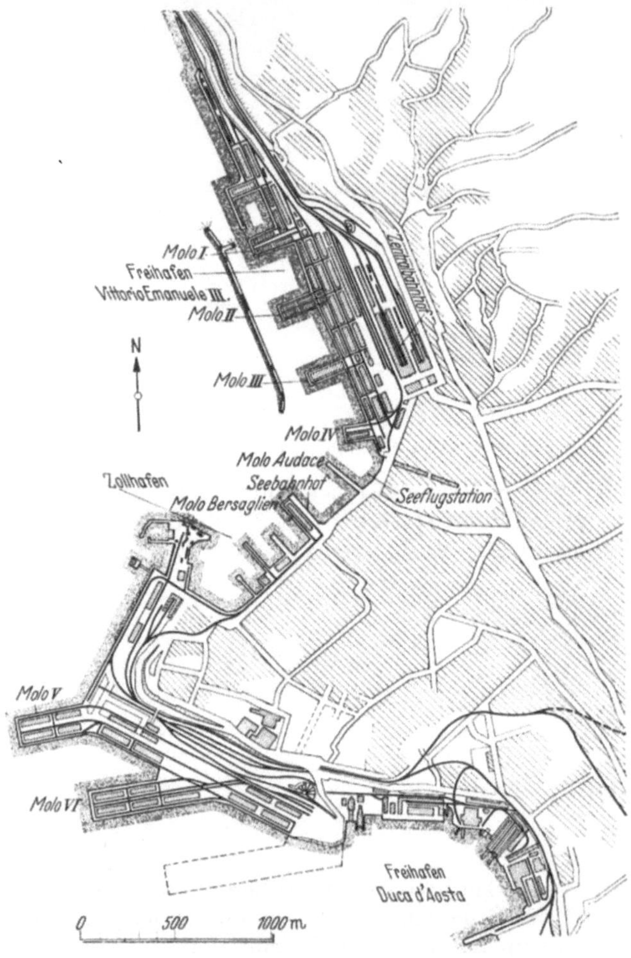

Abb. 23. Lageplan Triest.

aber unmittelbar hinter den Schuppen erstrecken sich drei Reihen von Speichern (Abb. 66). Der neue Freihafen weist vorläufig zwei schräg zum Ufer verlaufende Kaizungen auf. Die Kaizungen und Uferflächen sind ebenfalls mit Umschlagschuppen besetzt, die aber zweigeschossig sind. Die neuzeitlichste Anlage ist die Mole VI (Abb. 82), die bei 500 m Achsenlänge und 167 m Gesamtbreite Anlegemöglichkeiten für 7—10 Überseedampfer bietet. Diese Mole trägt fünf zweigeschossige Lagerhäuser, von denen eins mit einem Getreidesilo unmittelbar verbunden ist.

Ein Beispiel aus der Binnenschiffahrt gibt Abb. 24. Dargestellt sind Hafenanlagen am Ende eines inmitten einer größeren Stadt mündenden Binnenschiffkanals. Das Endstück des 35 m breiten Kanals wird als Industriehafenbecken ausgenutzt. Daran schließen sich an ein Vorhafen (zugleich Wendebecken) und

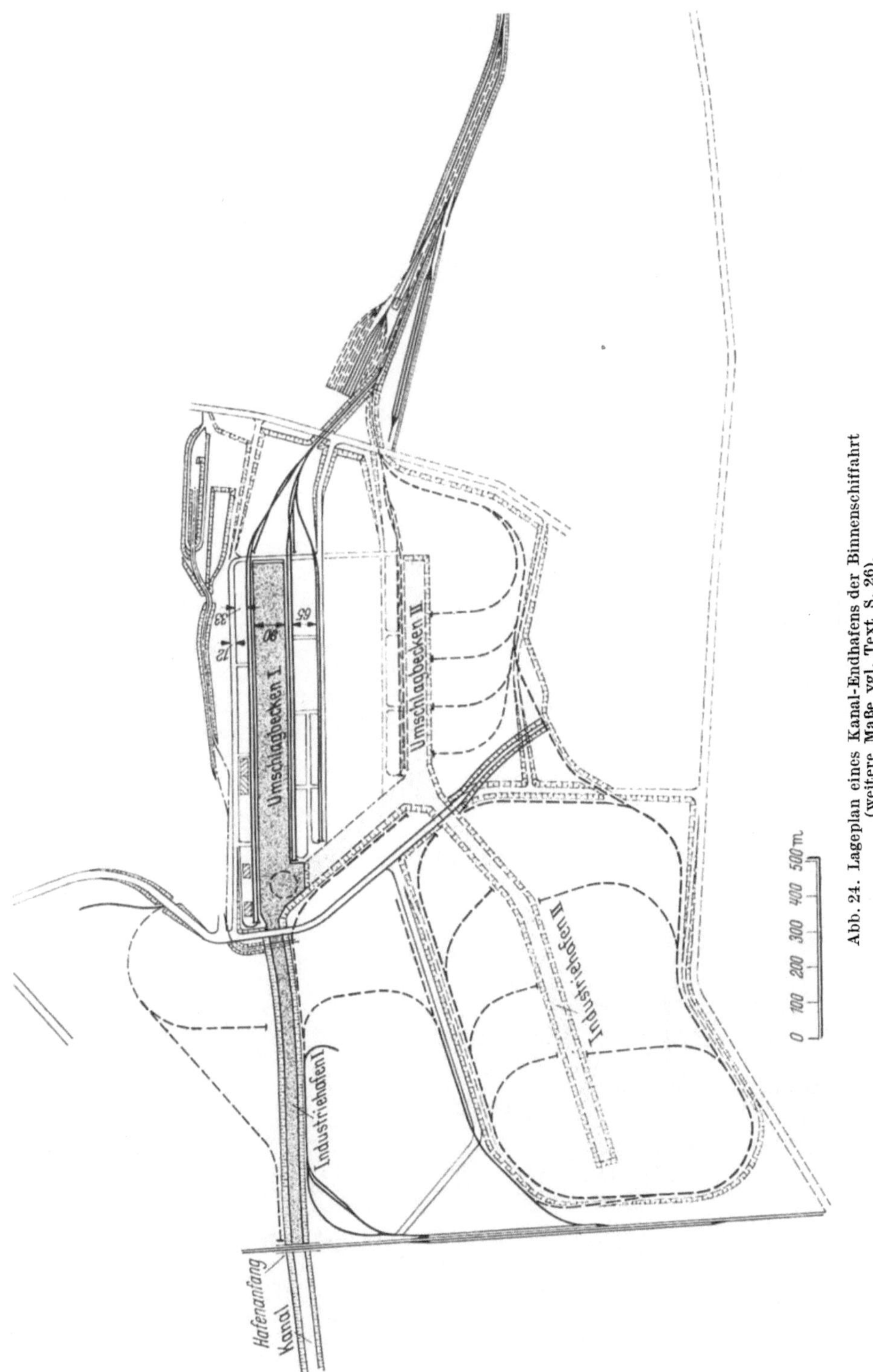

Abb. 24. Lageplan eines Kanal-Endhafens der Binnenschiffahrt (weitere Maße vgl. Text S. 26).

Entwurf:
B. Petersen,
Kopenhagen.

Entwurf:
F. Bastianelli,
Rom
und Professor
de Thierry,
Berlin.

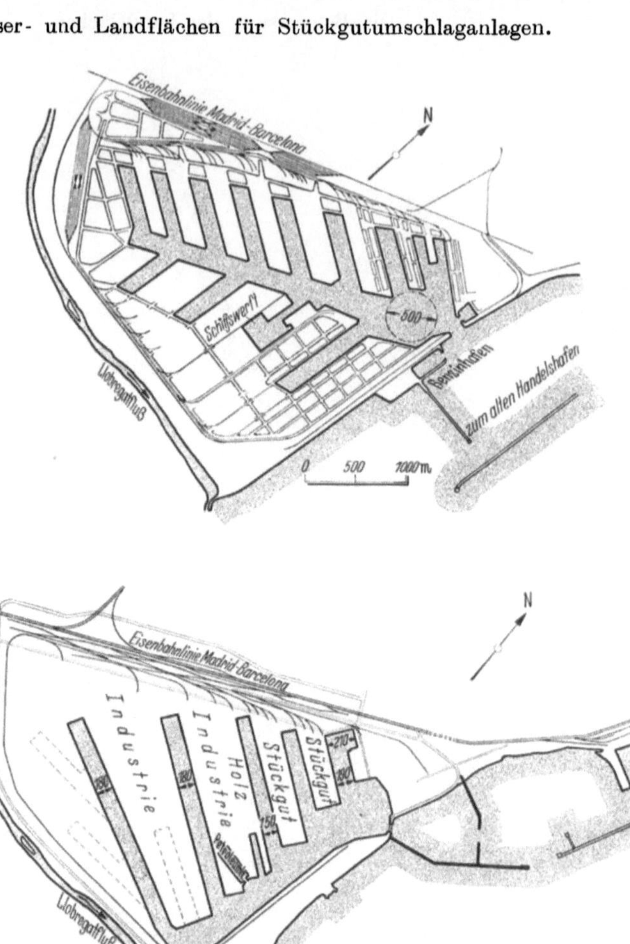

Entwurf:
Reg.-Baumeister
Baumann,
Stuttgart.

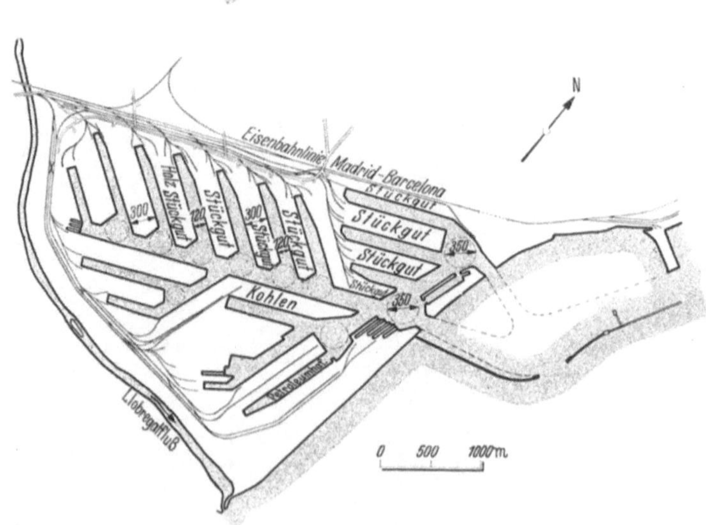

Abb. 25. Verschiedene Entwürfe für den

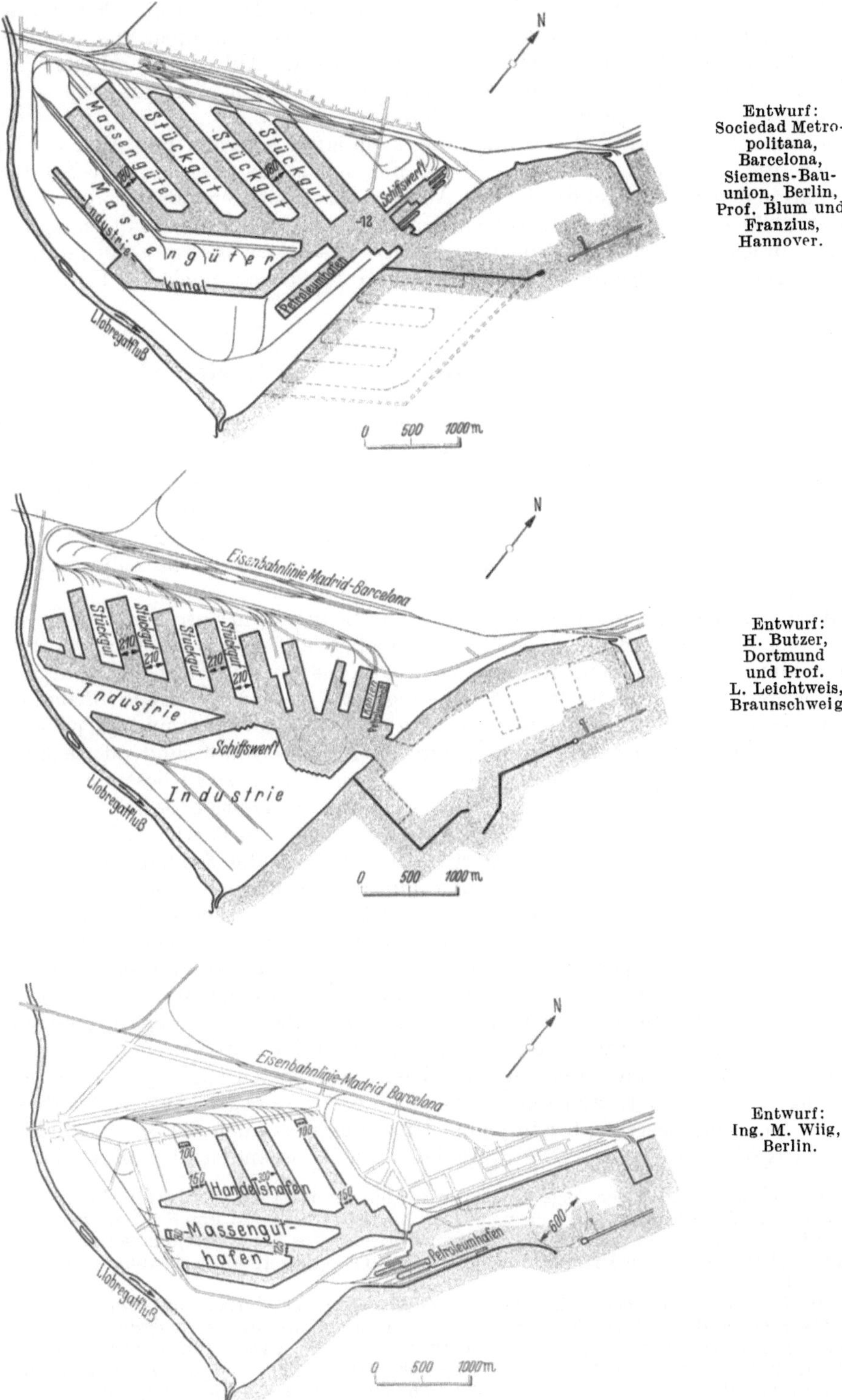

Entwurf: Sociedad Metropolitana, Barcelona, Siemens-Bauunion, Berlin, Prof. Blum und Franzius, Hannover.

Entwurf: H. Butzer, Dortmund und Prof. L. Leichtweis, Braunschweig.

Entwurf: Ing. M. Wiig, Berlin.

Ausbau des Freihafens Barcelona.

ein 1000 m langes und 90 m breites Umschlagbecken. Die neuzeitlichen Forderungen entsprechenden Ausmaße der für Kaigleise sowie Schuppen bzw. Speicher zur Verfügung stehenden Flächen ergeben sich aus der Abbildung. Als Erweiterung sind je ein Industriehafenbecken und ein Umschlagbecken vorgesehen, die von einem Verbindungskanal zum Vorhafen abzweigen.

Schließlich soll zur Illustrierung, wie mannigfaltig Häfen gestaltet werden können, die Abb. 25 S. 28/29 dienen, die nur sechs von insgesamt 56 bei dem internationalen Wettbewerb[1] für den Ausbau des Freihafens Barcelona (veranstaltet 1927) eingereichten Entwürfen bringt. In bezug auf Variierungsmöglichkeiten sprechen die Skizzen für sich, und sie bestätigen die voraufgegangenen Äußerungen in dem Sinne, daß weder für Hafenbecken noch für Kaiflächen Musterbeispiele gegeben werden können.

C. Kaihochbauten (Schuppen und Speicher).

1. Betriebliches.

Unter den auf S. 20 aufgeführten Arten des Warenaustausches zwischen Schiff und Kai war unter 3 angeführt, daß das einkommende Gut zur Vornahme verschiedenster Manipulationen zunächst ausgebreitet wird, um dann einem neuen Verkehrsmittel oder langfristiger Lagerung zugeführt zu werden. Dieser Fall erfordert auf den Kaiflächen Hochbauten, von denen in diesem Abschnitt die Rede sein soll.

Wird davon ausgegangen, daß die Güter im Schiffsraum unsortiert liegen, wie es eine der Seetüchtigkeit des Schiffes entsprechende Stauung meist erfordert, so müssen diese zunächst im Schiffsraum zu Hieven zusammengesetzt und dann mittels Bordgeschirr oder Kaikränen am Kai abgesetzt werden[2]. Vom Kai (Schuppenrampe) wird das Gut von Kaiarbeitern, die zu einem je nach Art und Verpackung der Ware verschieden großen Trupp („Gang") zusammengefaßt sind, mit Sackkarren oder maschinellen Flurfördermitteln in den Kaischuppen zu vorbestimmten Stapelplätzen geschafft; die Stapelplätze müssen eine jederzeitige Besichtigung und Wägung der Ware ermöglichen. Auch müssen die einzelnen Partien jederzeit ohne besondere Umstände zum Abtransport bereit sein, was die Freihaltung entsprechender Karrenwege (Abb. 26) zwischen den Stapeln bedingt. Die reibungslose Abwicklung des Schuppenbetriebes setzt zur Hauptsache eine große Übersichtlichkeit voraus, die bei großen Warenmassen nur durch entsprechende Flächenausdehnung der Schuppen zu erreichen ist. Es treten nämlich nur wenige Güter gleicher Markierung in so großen Partien auf, daß eine hohe Stapelung möglich wäre. Sobald einzelne Partien vollzählig sind und über sie verfügt ist, beginnt land- oder auch wieder wasserseitig der Abtransport der Güter.

Alle Lagerräume nun, die der eben beschriebenen kurzfristigen Zwischenlagerung dienen, werden nachstehend als Kaischuppen bezeichnet. Außer dieser Art der Lagerung besteht aber in jedem Umschlagplatz auch die Notwendigkeit, Ware langfristig, in Stapel- und Freihäfen unter Umständen über Jahre einzu-

[1] Da sich gelegentlich der Abgabe von Entwürfen für Wettbewerbe jeweils die neuesten Auffassungen über die Ausgestaltung von Hafenbauten ergeben, ist das Studium derartiger Entwürfe von großem Nutzen. Bezüglich des Wettbewerbes von Barcelona sei auf die instruktive Betrachtung von Proetel im Jahrbuch HTG., Bd. 11, sowie die Bautechn. 1929, S. 629/631, verwiesen.

[2] In Hamburg wird beim Kaiumschlag Schiffs- und Landarbeit unterschieden. Die Schiffsarbeit wird von besonderen Stauereifirmen ausgeführt, und zwar erstreckt sich die Arbeit der Schauerleute nur bis auf das Absetzen der Güter an Deck (umgekehrter Vorgang bei Beladung). Hieran schließt sich an die Tätigkeit der Hafen- und Lagerhausgesellschaft (Landarbeit) mit der Beförderung der Güter vom Schiffsdeck auf die Schuppenrampe, der Verteilung der Güter im Schuppen, ihre Verwahrung und Auslieferung an das nächste Verkehrsmittel.

lagern. Für die letztgenannte Tätigkeit hat sich der Begriff „Lagereiwesen" eingebürgert, das also eine notwendige und nicht wegzudenkende Ergänzung des „Umschlagbetriebes" darstellt. Die der langfristigen Aufbewahrung dienenden Räume und Bauwerke werden unter der Bezeichnung Speicher zusammengefaßt; in dem noch zu behandelnden Fall, daß Schuppen und Speicher in einem Bauwerk vereinigt sind, wird von Schuppenspeichern gesprochen.

2. Kaischuppen.

a) Bestimmung der Schuppenlagerfläche.

Die Rolle des Kaischuppens als Sortiertisch für das ein- und ausgehende Gut war oben klargelegt. Zunächst ist — als Teilfrage der Bemessung der Gesamtumschlaganlage — die Größe der Schuppenlagerfläche zu besprechen, die von dem unter den jeweiligen örtlichen Verhältnissen zu erstrebenden oder zu erreichenden Schrittmaß des gesamten Arbeitsvorganges am Kai abhängig ist. Wesentlich ist, wie hoch man die Ware stapeln will oder kann, und wieviel Zeit man ihr zur gebührenfreien Lagerung zugestehen will. Unter Berücksichtigung dieser auf Erfahrung beruhenden Umstände wird die Lagerfläche i. a. so bemessen, daß das Lösch- oder Ladegut eines Seeschiffes, soweit es über den Schuppen geht, in der der Schiffslänge entsprechenden Schuppenlänge ausgebreitet werden kann. Dabei ist zu berücksichtigen, daß in der Regel während des Löschens oder Ladens auch bereits Gut der umgekehrten Verkehrsrichtung aufgenommen werden muß; dies erübrigt sich in den Fällen, wo mit getrennten Lösch- und Ladeschuppen gearbeitet wird[1]. Zu kleine Bemessung der Lagerfläche hat Verkehrsstockungen zur Folge, während zu große Bemessung Raumvergeudung und unnötige Flurförderung bedeuten würde.

b) Zur Frage der ein- oder mehrgeschossigen Bauweise.

Die Frage, ob die erforderliche Schuppenlagerfläche zweckmäßig durch ein- oder zweigeschossige Bauwerke zur Verfügung gestellt wird, ist von den am Hafenbetrieb Interessierten öfter behandelt worden. Insbesondere hat die Hafenbautechnische Gesellschaft im Jahre 1930 diese Frage zum Gegenstand einer eingehenden Aussprache gemacht, bei der eine ganze Reihe zweifellos als grundsätzlich anzusehender Erfahrungstatsachen aufgezeigt worden sind[2].

Im nachstehenden werden in abgekürzter Form die Auffassungen eines der Vortragenden (Sieveking, Hamburg) der erwähnten Veranstaltung zu diesem Thema wiedergegeben.

Danach werden als Vorteile des zweigeschossigen Kaischuppens herausgestellt:

1. geringerer Bedarf an Grundfläche,
2. dadurch kleinere Ausdehnung der Hafenanlage,
3. dadurch geringere Grunderwerbskosten,
4. dadurch kürzere Beförderungswege im Hafengebiet, Ersparung von Beförderungskosten,
5. zweckmäßige Möglichkeit zur Befriedigung von Nebenzwecken, wie Abfertigung von Personenverkehr oder besondere Behandlung von Gütern (Umpacken, Sortieren, Versteigerungen usw.).

als Nachteile werden genannt:

a) größere Gründungskosten (wenigstens in den meisten Fällen),

b) größerer Bedarf an Fläche für Karrwege; somit ungünstiges Verhältnis zwischen Lagerfläche und Nebenflächen,

[1] Die Frage einer Teilung des Betriebes nach Ein- und Ausfuhr spielt in vielen Häfen eine Rolle; über die diesbezüglichen Erwägungen bei der Erweiterung des Hafens von Kapstadt vgl. Werft Reed. Hafen 1939, S. 94.

[2] Jb. hafenbautechn. Ges., Bd. 12, S. 15ff., Abb. 26 daselbst entnommen; ferner vgl. Brockmann: Über die Möglichkeit wirtschaftlicher Betreibung mehrstöckiger Umschlagschuppen im Hamburger Hafen. Jb. hafenbautechn. Ges., Bd. 9, S. 194ff.

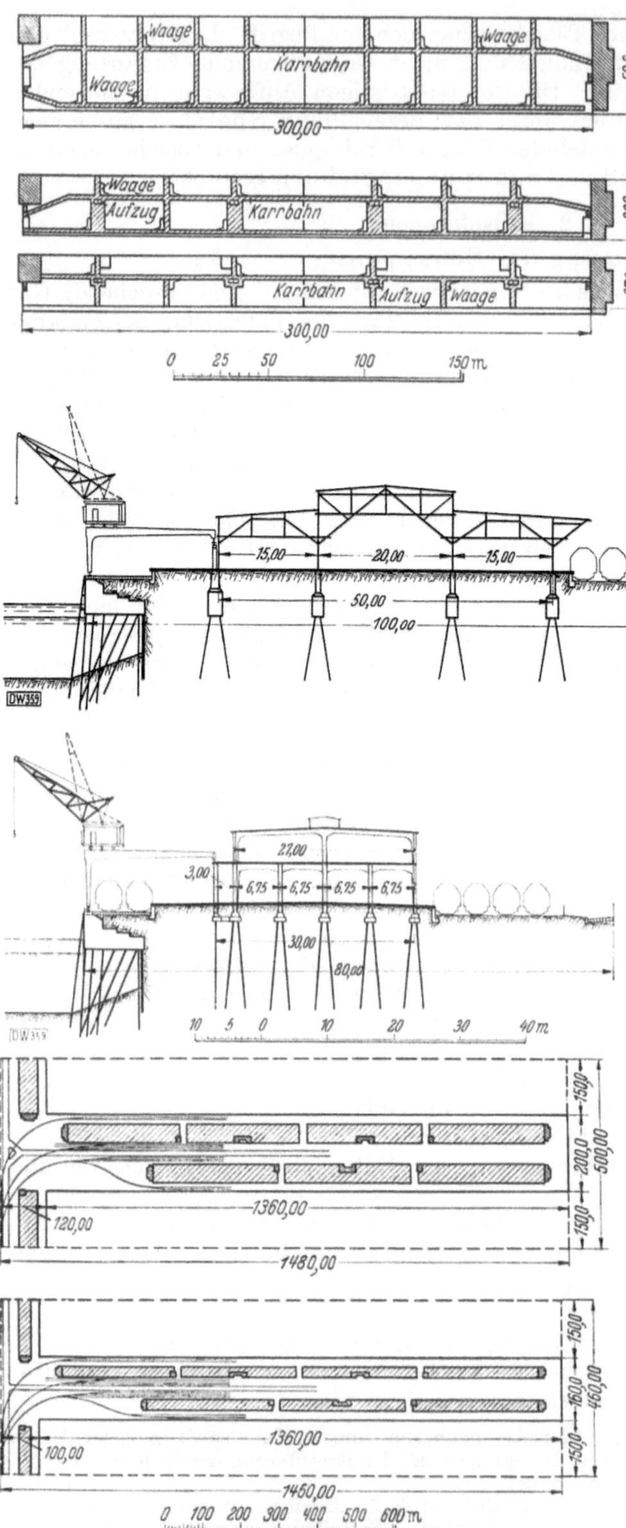

Abb. 26. Vergleich zwischen ein- und zweigeschossiger Schuppenbauweise.

c) daraus folgt in den meisten Fällen: höherer Baupreis für den m²-Lagerfläche,

d) geringere und im Betrieb teurere Möglichkeiten für Zu- und Abwege für das Obergeschoß und eine zusätzliche Horizontalförderung im Obergeschoß,

e) enge Säulenstellung im Erdgeschoß,

f) Begrenzung der Tragfähigkeit des Obergeschosses,

g) Verdunkelung im Erdgeschoß.

Für die Abwägung der Vorteile gegenüber den Nachteilen ist der unter 1 genannte Vorteil des geringen Bedarfs an Grundfläche der wichtigste; die Vorzüge unter 2 bis 4 sind Folgeerscheinungen von 1.

Unter Zugrundelegung Hamburger Verhältnisse durchgeführte Vergleiche (Abb. 26) zeigen, daß die mögliche Ersparnis an überbauter Grundfläche bei einem zweigeschossigen Schuppen 40% beträgt; eine Ersparnis von 50% wird wegen des Nachteils unter b nicht erreicht. Dagegen ergibt sich aus der Abbildung, daß die unter 2 erwähnte Ersparnis sehr gering ist. Die Hafenanlage nimmt nämlich nur 9% weniger an Grundfläche in Anspruch, woraus sich wiederum zwangsläufig ergibt, daß auch die unter 3 und 4 genannten Vorteile nicht sehr groß sind.

Die Nachteile sind bautechnischer (a, b und c), im übrigen betrieblicher Natur. Während es in den meisten Fällen der Baugrund erlaubt, den Fußboden eines eingeschossigen Schuppens ohne besondere Gründung auf den Untergrund zu legen, erfordert der Fußboden des Obergeschosses eine Säulengründung; trotzdem ist in der Regel die Tragfähigkeit des Obergeschosses geringer als die des Erdgeschosses. Der unter b erwähnte größere Flächenbedarf wird nach der angeführten Quelle auf 28% gegenüber 18% beim ebenerdigen Schuppen geschätzt. Betriebsmäßig gesehen ist der Nachteil unter d der bedenklichste. Die Förderung der Güter zwischen Seeschiff und Obergeschoß vermittels der Kaikräne bedeutet keinerlei Schwierigkeiten. Dagegen sind für Beförderung der Güter zwischen Obergeschoß und Eisenbahn bzw. Lastwagen besondere Fördereinrichtungen wie Kräne, Aufzüge, Rutschen u. ä. nötig, zugleich müssen die Beförderungswege des Erdgeschosses mit benutzt werden, wobei sich gegenseitige Behinderungen nicht vermeiden lassen.

Die später noch folgenden Einzelbeschreibungen einer Anzahl zweigeschossiger Schuppen werden Gelegenheit zur Überprüfung vorstehender Darlegungen geben.

c) Über die Höhenlage des Schuppenfußbodens im Erdgeschoß (Rampenfrage).

Eine grundsätzliche Erörterung ist auch notwendig über die Höhenlage der Schuppenfußböden im Erdgeschoß, was gleichbedeutend ist mit der Frage, ob man Eisenbahn und Lastwagen zweckmäßig an Rampen[1] (Ladebühnen) abfertigt. Es werden folgende Möglichkeiten unterschieden:

1. Kaiflächen(-straßen), Gleise und Schuppenfußboden liegen in gleicher Höhe (in zahlreichen außerdeutschen Häfen gebräuchliche Lösung, z. B. in Antwerpen Abb. 38, Marseille Abb. 51, Liverpool Abb. 54, USA. u. a.); es können also Gleise unmittelbar in die Schuppen hineingeführt werden. Da die Waggons aber immer an die Schiene gebunden bleiben, muß trotzdem die Masse der Eisenbahnware innerhalb des Schuppens horizontal gefördert werden. Ferner ist ungünstig, daß der Höhenunterschied Fußboden-Waggonplattform überwunden werden muß. Letzteres gilt auch für die Lastwagen, jedoch entfällt bei diesen bei Ankunft und Abholung die Horizontalförderung.

Hervorzuheben ist, daß bei Kaianlagen dieser Art die Güter entweder mit Lastwagen unmittelbar oder nach voraufgegangener kaitechnischer Behandlung mit Flurfördermitteln nahe an die Kaikante gebracht werden können. Damit erschließt sich für die Schiffe die Möglichkeit, die Güter mit Bordgeschirr umzuschlagen; es kann also, soweit das Bordgeschirr nicht schon durch den Strombetrieb in Anspruch genommen wird, u. U. an Kranausrüstung gespart werden.

2. Die Schuppenfußböden sind auf Wagenplattformhöhe gebracht, und Eisenbahn und Lastwagen werden an Rampen abgefertigt. Diese Lösung kennzeichnet die deutschen Häfen, und ihr Vorteil besteht darin, daß Höhenunterschiede entfallen. Dagegen müssen sämtliche Güter horizontal gefördert werden, wobei je nach Größe des Schuppens

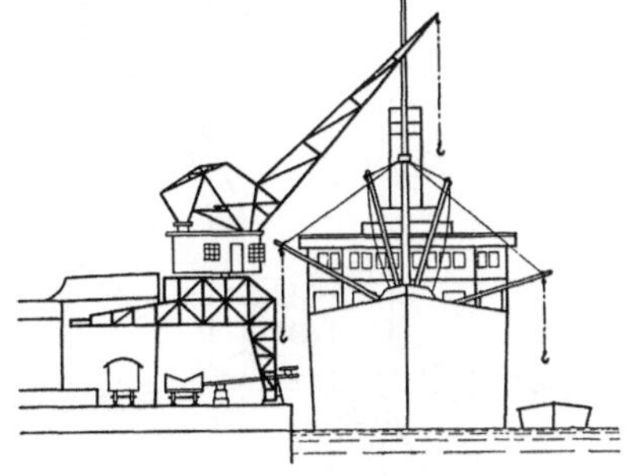

Abb. 27. Vermittels eiserner Gerüste hergestellte Hilfsrampen.

[1] Es sei hier daraufhingewiesen, daß feste Rampen bis zu einem gewissen Grade durch die in fast allen Häfen gebräuchlichen Hilfsrampen ersetzt werden können. Für derartige behelfsmäßige Rampen werden hölzerne (eiserne) Böcke und Bohlen vorgehalten, die man nach Art der Abb. 27 zusammenbaut; man kann auf diese Weise für jeden Waggon gewissermaßen eine eigene Rampe schaffen. (Über Hilfsrampen vgl. Bauing. 1938, S. 437 und 1939, S. 285.)

und nach Anordnung der Rampen die Förderwege sehr lang sein können. Bei diesem System ist von Bedeutung, wie viel an Rampenlänge jedem der beiden Verkehrsmittel zugewiesen wird; hierauf wird unten noch näher eingegangen.

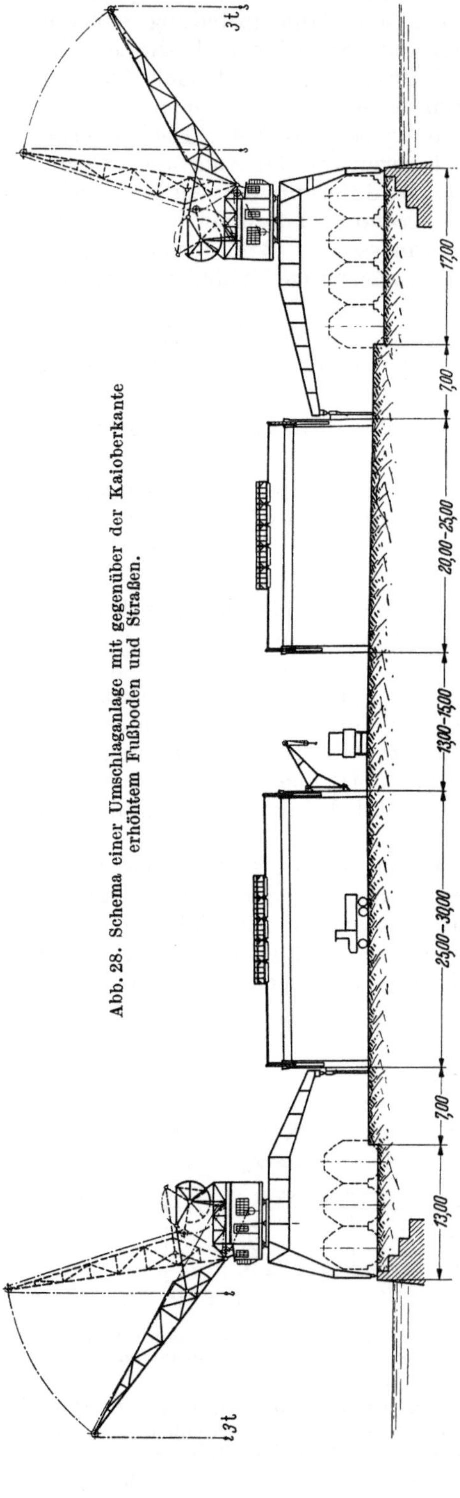

3. Die Kaiseite ist ohne Rampe, wasserseitige Kaistraße und Schuppenfußboden gehen ineinander über. Der Schuppenfußboden steigt nach der Landseite hin an und endet dort in einer Rampe. Zufahrt von Lastwagen erfolgt von der Wasserseite oder den Stirnseiten, in Ausnahmefällen über besondere Anrampungen auch von der Landseite. (Beispiele in Southampton Abb. 43, Neapel Abb. 49, Bordeaux Abb. 50.) Diese sehr gebräuchliche Lösung will auf der Landseite dem Eisenbahnverkehr gerecht werden, doch wird durch die geneigte[1] Lage der Fußböden die Bewegung der Güter im Schuppen erschwert.

4. Die Eisenbahngleise werden gegenüber der Kaioberkante um Ladebühnenhöhe versenkt. Derartig versenkte Gleise, insbesondere in der Längsachse des Schuppens, findet man bei zahlreichen amerikanischen Piers (Abb. 4). Hierbei spielt sich die Lastwagenabfertigung wie unter 1, die Eisenbahnabfertigung wie unter 2 ab. Nachteilig ist die Anordnung dann, wenn Förderung von einer zur anderen Seite über die Gleise hinweg in Frage kommt; dann müssen mit Hilfe von Klappbrücken Übergänge geschaffen werden.

5. Das Gegenstück zu 4 würde eine Anordnung entsprechend der schematischen Skizze der Abb. 28 bilden. Die Gleisanlagen sind an den Wasserseiten zusammengefaßt, die Waggons werden an Rampen abgefertigt. Schuppenböden und Straßen liegen in Rampenhöhe.

Zusammenfassend kann festgehalten werden, daß man in der Mehrzahl der Häfen bemüht ist, Eisenbahnwaggons an Rampen abzufertigen. Für Lastwagen kann man, wenn man von den deutschen Häfen absieht, die Abfertigung ohne Rampen als gebräuchlich ansehen. Bei diesen nimmt man die Überwindung des Höhenunterschiedes in

Abb. 28. Schema einer Umschlaganlage mit gegenüber der Kaioberkante erhöhtem Fußboden und Straßen.

[1] Die Neigung der Fußböden ist in den einzelnen Häfen verschieden; bei einem Schuppen in Bordeaux beträgt sie 1:40, bei einer Ausführung in Genua 1:41,2.

Kauf und tauscht dafür die Beweglichkeit der Lastwagen innerhalb der Schuppen ein.

Überall da, wo Lastwagen an Rampen abgefertigt werden, tritt die Frage auf, wie die Rampen an Eisenbahn und Lastwagen verteilt werden. In der Regel sind die Eisenbahngleise an den Schuppenlängsseiten angeordnet, so daß die Stirnseiten für Lastwagen frei sind. Reichen die letzteren nicht aus, pflastert man die Gleise z. T. ein, so daß man beide Verkehrsmittel an den Längsseiten abfertigen kann. In anderen Fällen hat man zur Anordnung von Innenhöfen (Stettin,

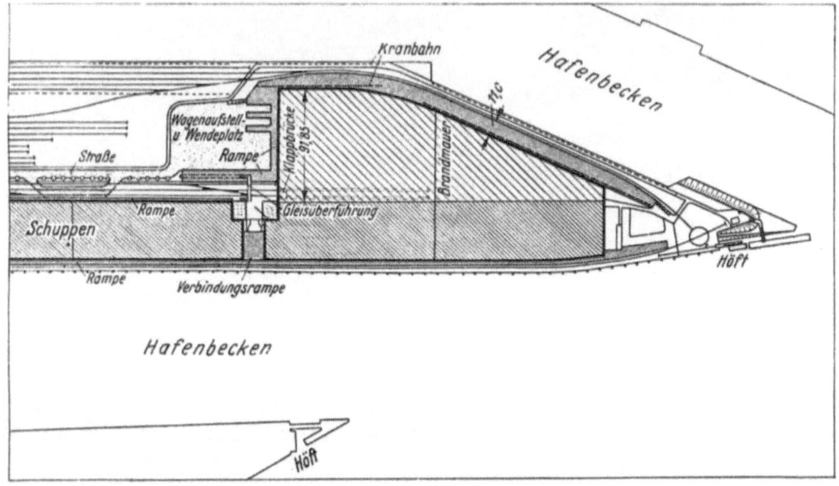

Abb. 29. Lastkraftwagenabfertigung an einem Verteilungsschuppen (Ansicht und Grundriß).

Bremen, vgl. Abb. 40) gegriffen. Die Verwendung derartiger Höfe ist aber — abgesehen von den unverhältnismäßig hohen Baukosten, die sie verursachen — beschränkt, weil größere Lastzüge in ihnen nicht manövrieren können.

Daß die durch Einpflasterung zu erreichende Möglichkeit, Eisenbahn und Lastwagen an der gleichen Rampe abzufertigen, mit Hinblick auf die beiderseitige Behinderung nicht ideal ist, liegt auf der Hand; der gewaltig zunehmende Autoverkehr fordert gebieterisch ausreichende Rampenlänge für die Lastwagen, wenn nicht gar getrennte Abfertigung. Über diese Frage vgl. den Abschnitt: die Pflasterflächen der Umschlaganlagen S. 81.

Den Ansatz zu einer Lösung hat man bei dem sog. Verteilungsschuppen

Kamerunkai in Hamburg gemacht. Hier sind die Längs-(bzw. Wasser-) seiten der Eisenbahn vorbehalten. Der Lastautoverkehr ist an einer Stirnseite zusammengefaßt. Die erforderliche Rampenlänge hat man dadurch geschaffen, daß man senkrecht zu der eigentlichen Stirnrampe, eine Anzahl Rampenzungen angeordnet hat, die in eine geräumige als Aufstell- und Wendeplatz dienende Pflasterfläche münden.

Der Grundriß (Abb. 29) zeigt die Einzelheiten, eine als ostwärtige Begrenzung dienende 70 m lange Rampe und zwei kleinere Rampenzungen von 5 m Breite und 20 m Länge, die 6 m Zwischenraum lassend, in den Platz hineinragen.

Über die Größenbemessung derartiger Zungenrampen liegen Erfahrungen nicht vor; die Bewährung der in diesem Fall gewählten Anordnung muß daher abgewartet werden. Es ist aber leicht einzusehen, daß wie bei den Innenhöfen Schwierig-

Abb. 30. Autobahnhof an einem Hafenkühlhaus.

keiten für das Manövrieren von Lastzügen mit Anhängern entstehen können. In solchen Fällen muß man sich dann entweder durch häufigeres Abkuppeln der Anhänger und Bewegen derselben von Hand helfen, oder unter größeren Verhältnissen ist u. U. eine gesonderte Abfertigung der Anhänger und ihre Bewegung durch Trekker ins Auge zu fassen.

Ein geräumiger Autobahnhof, bestehend aus Aufstell- und Wendeplatz, Stirnrampe und zwei senkrecht dazu angeordneten breiten Längsrampen ist an dem Hafenkühlhaus in Gotenhafen[1] ausgeführt worden.

Die vorbeschriebenen Lösungen haben sich bei Neubauten, wo also genügend Platz zur Verfügung stand, durchführen lassen, bei vorhandenen Anlagen wird der nachträgliche Einbau von Zungenrampen an den Stirnseiten i. a. wegen Platzmangels nicht möglich sein. Dazu kommt in betrieblicher Hinsicht, daß lange Zungen auch große Förderwege zur Folge haben, wobei gleichzeitig wieder die Abfertigungszeit der Wagen an den Rampen wächst.

[1] Bautechn. 1938, S. 625.

Es kann kein Zweifel darüber bestehen, daß mit der weiteren Steigerung des Kraftwagenverkehrs die Abfertigung an Rampen, wie man es in Deutschland gewohnt ist, sich immer schwieriger gestalten wird. Die Rampen binden den Lastwagenverkehr zu einseitig an gewisse Verkehrsstreifen. Man wird voraussichtlich in kurzer Zeit ernstlich überlegen müssen, ob man nicht den Verkehr mit Lastwagen dadurch auflockert, daß man ihnen unter Verzicht auf Rampen die ganze Schuppenfläche zur Verfügung stellt. Ob man dabei nach Fall 1 oben auch auf Rampen für die Eisenbahn verzichten will, oder ob man die erhöhten Schuppenfußböden durch Schrägrampen von den Stirnseiten zugänglich macht, oder ob man mit ansteigenden Fußböden arbeiten will, kann jeweils nur örtlich entschieden werden.

Eine Anordnung gemäß der oben unter 5 gebrachten schematischen Skizze ist dem Verfasser bisher zwar nicht bekannt geworden. Sie könnte jedoch — und aus diesem Grunde wurde sie gebracht — in Häfen mit langen Kaizungen, wie man sie in Deutschland vorzugsweise findet, und die eine Anzahl Schuppen hintereinander bedingen, angebracht sein, sofern sich die Zusammenfassung des Eisenbahnverkehrs an den Wasserseiten betrieblich ermöglichen läßt.

Hinsichtlich der Kostenfrage steht es so, daß der für Lastkraftwagenverkehr erforderliche schwere Fußbodenbelag und eine bei Neubauten auch notwendige größere Breitenentwicklung — nach amerikanischen Erfahrungen sollen an nutzbarer Sortier- und Stapelfläche u. U. bis zu einem Drittel der Gesamtfläche verlorengehen — erhebliche Aufwendungen erfordern, über deren Vertretbarkeit nur im Rahmen des Gesamtbetriebes entschieden werden kann. Noch größere Kosten entstünden dann, wenn man im Gegensatz zu Abb. 28 auch noch die in der Kaizungenachse liegende Verkehrsstraße überdecken würde. Man könnte dann diese, was u. U. von betrieblichem Vorteil wäre, auch noch zu Lagerzwecken heranziehen, indem man die Zu- und Abfahrten der Lastwagen nicht an eine Spur bindet, sondern sie nach Bedarf mehr oder weniger nach den Wasserseiten verlegt; besonders an der Spitze von Kaizungen könnte eine solche Anordnung von Vorteil sein.

Wie weit die größere Zugänglichkeit der Schuppen an sich, die größere Beweglichkeit bei der Warenbearbeitung im Schuppen, das Entfallen eines Teiles der Förderwege, und wie weit auf der anderen Seite etwa die Notwendigkeit, den Höhenunterschied Wagenplattform und Fußboden zu überwinden, die Schwierigkeit der Manövrierung von Lastzügen zwischen Warenstapeln und nicht zuletzt die vermehrten Schuppenkosten als Vor- bzw. Nachteile im Rahmen des Gesamtumschlagbetriebes zu werten sind, kann in seiner Gesamtheit nur vom Umschlagbetriebsfachmann entschieden werden, der wiederum auf die Beratung durch den Fördertechniker angewiesen ist. Die Maßnahmen des letztgenannten sind u. a. wieder wesentlich bedingt durch die Entwicklung, welche der Kraftwagenbau nehmen wird. Im Sinne schnellster Abfertigung in den Schuppen lägen Lastzüge mit kleinen Einheiten und niedrig angeordneten Plattformen. Werden aber die Lastwagen größer, so ist u. U., wie schon oben angedeutet wurde, ein gesondertes Bewegen und eine gesonderte Abfertigung der Anhänger von vornherein ins Auge zu fassen, wobei es vielleicht zu erreichen ist, daß die für die Überwindung des Höhenunterschiedes Wagenplattform — Fußboden doch in größerer Anzahl notwendig werdenden Hubkarren das Schleppen der Anhänger übernehmen.

d) Einzelheiten der Kaischuppenanordnung.

Nachstehend wird auf Besonderheiten bei der Ausgestaltung von Umschlagschuppen eingegangen, soweit damit umschlagtechnische Interessen berührt werden. Auf die Behandlung weiterer Einzelheiten der Schuppen, insbesondere in bautechnischer Hinsicht, ist entsprechend der Zielsetzung verzichtet worden. Diesbezüglich wird auf die von fast jedem Bauwerk im Schrifttum vorhandenen Einzelbeschreibungen, die aus diesem Grunde weitgehend angeführt werden, verwiesen; zahlreiche technische Einzelheiten können außerdem den Abbildungen entnommen werden.

Zum besseren Verständnis der Ausführungen wird Abb. 31 vorangestellt, die in schematischer Form die sich aus den betrieblichen Anforderungen ergebende Ausrüstung und Einrichtung eines Umschlagschuppens zeigt.

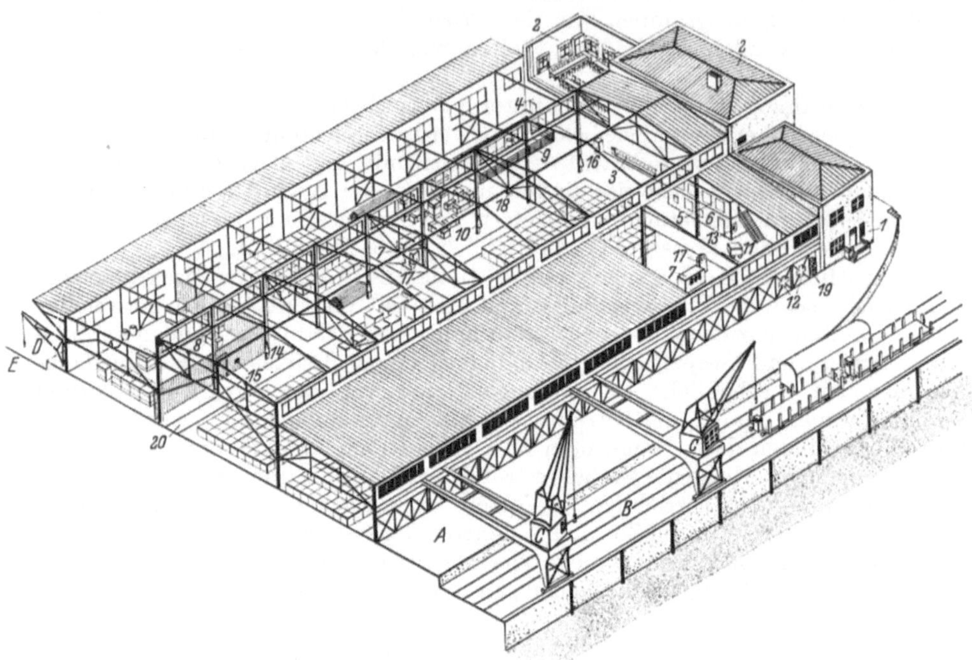

Abb. 31. Inneneinrichtung eines Umschlagschuppens, gezeigt an einem Beispiel des Hamburger Hafens.

1: Büro des Schuppenvorstehers
2: Gemeinschaftsraum, Bäder und Brausen
3: Waschanlage
4: Toiletten
5: Fahrradraum
6: Werkstelle
7: „Fliegende Bude" für Lademeister und Gangführer
8: Verschlag für wertvolle Güter
9: Feuergrube (Ölfanggrube)
10: Feuerlöscher
11: Feuerlöschkasten (rollbar)
12: Feuertüren
13: Feuermelder
14: Krankenbahren, Verbandkasten
15: Feuergang für Unfallmeldung, Feuerglocke
16: Fahrbare Telefonzelle
17: Automatische Schnellwaagen
18: Deckenbeleuchtung
19: Rettungsringe
20: Karrbahn
A: Rampe
B: Kaigleise
C: Halbportalwippkräne
D: Landseitige Kräne u. Rampe
E: Straße für Fuhrwerk

Entnommen aus „Der Hafen Hamburg" (Handbuch für Verlader), herausgegeben von der Hamburger Freihafen-Lagerhaus-Gesellschaft, Hamburg 1938.

Was zunächst die Wahl des Baustoffes für die Tragekonstruktion (Holz, Eisen, Eisenbeton, kombinierte Bauweisen) anlangt, so bilden die Feuersicherheit und eine durch große Spannweiten zu erzielende Weiträumigkeit die Hauptgesichtspunkte.

Die Holzbauweise ist außerordentlich verbreitet. Die neueren sog. Ingenieurholzbauweisen ermöglichen vermöge ihrer patentierten Holzverbindungen große Spannweiten bei wirtschaftlicher Materialausnutzung. Wie unten am Beispiel der Hamburger Kaischuppen ausgeführt wird, haben aber auch die alten Zimmermannskonstruktionen (Sprengwerke) noch volle Daseinsberechtigung. Die Feuersicherheit von Holz ist vergleichsweise gering. Im Falle eines größeren Brandes ist mit der Vernichtung des gesamten Bauwerks zu rechnen; gerade dieser Umstand (Aufräumungsprinzip) wird aber vielfach als Vorteil gebucht.

Eisenkonstruktionen sind früher häufig mit der Begründung abgelehnt, daß man bei einem Brande die Tragfähigkeit nicht beurteilen könne. Wie neuere Ausführungen in Bremen und Southampton (Abb. 43) zeigen, werden die Bedenken heute zurückgestellt. Mit Eisen lassen sich selbstverständlich größte Spannweiten erzielen. Die Feuersicherheit von Eisenkonstruktionen kann durch Ummantelungen erhöht werden.

Wellblechkonstruktionen sind wegen ihres geringen Gewichtes bei schlechtem oder frisch geschüttetem Untergrund von Vorteil.

Mit Eisenbeton lassen sich sowohl vorzügliche Feuersicherheit als auch größte Spannweiten erzielen, Eisenbetonausführungen nehmen daher immer mehr zu. Besonders geeignet zur Überdachung großer Räume ist die Schalenbauweise (Abb. 42), sie wird nach den Erfahrungen bei Flugzeughallen noch größere Möglichkeiten bieten.

Kombinierte Bauweisen kommen in mannigfachen Formen und aus den verschiedensten Gründen zur Ausführung[1]. Bei zweigeschossigen Schuppen findet man häufiger, daß aus Gründen der Gewichtsersparnis die obere Tragkonstruktion in Eisen erstellt wird.

Die über die zweckentsprechende Wahl der Tragekonstruktion hinausgehenden Einzelmaßnahmen zur Erzielung größtmöglicher Feuersicherheit sind sehr vielgestaltig. Besondere Vorsicht ist am Platz, wenn Baumwolle als Lagergut in Frage kommt. Die Baumwollfaser enthält viel Sauerstoff. Die Gefahr besteht darin, daß durch Funken ein Glimmen erzeugt wird, das sich nach Innen ausbreitet.

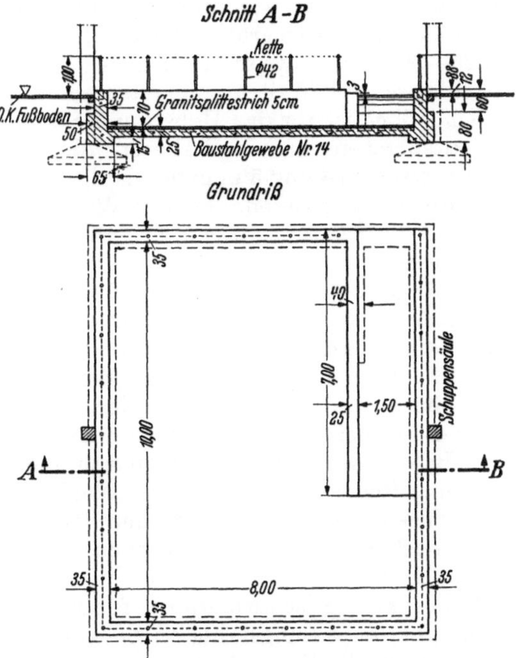

Abb. 32. Querschnitt und Grundriß einer Ölfanggrube in einem Kaischuppen.

Bei Neuanlagen wird man von vornherein auf eine zweckentsprechende Gruppierung der Gebäude und größere Abstände zwischen den Gebäudegruppen bedacht sein; beispielsweise ist auf dem Hafengelände in Stockton (vgl. Abb. 20 u. 21) ein reichlich bemessenes Netz von Betonstraßen geschaffen worden, wodurch Abstände von durchschnittlich 30 m entstehen. Beim einzelnen Bauwerk ist die Unterteilung durch Brandmauern in etwa 75—100 m Abstand ein bewährtes Mittel. Etwaige Türen in den Brandmauern sind feuersicher (eiserne Tore, stählerne Rolladen), selbstschließend oder auch mit Bedienungsmöglichkeit von einer entfernten Stelle aus (Falltore) anzuordnen. An Stelle der sicheren, aber den Verkehr erschwerenden Brandmauern werden in vielen Fällen auch sog. Schürzen — d. h. die Brandmauer endet in 2—3 m Abstand über dem Fußboden — für ausreichend gehalten. Daß Eisen vielfach ummantelt wird, wurde schon erwähnt. Bei zahlreichen hölzernen Pieranlagen in Amerika sind Seitenwände und Dächer außen mit Eisen- oder Wellblech benagelt. Für Holzkonstruktionen hat man außerdem feuerfeste Anstriche (Wasserglas) entwickelt.

In diesem Zusammenhang sind die zur Aufnahme von Behältern mit feuer-

[1] Vgl. Abb. 7, 47 und 51.

gefährlichen Flüssigkeiten bestimmten Ölfanggruben zu erwähnen. Gruben nach Art der Abb. 32 sind in den letzten Jahren fast in allen Hamburger Kaischuppen eingebaut worden.

Auf Maßnahmen rein feuerwehrtechnischer Art, wie selbstwirkende Regenanlagen (Sprinkler), selbsttätige Alarmsignale und besondere Wasserhochdruckleitungen wird bei Speichern noch eingegangen.

Wir kommen nunmehr zu den Abmessungen der Schuppen. Über die Bemessung der Nutzflächen insgesamt war schon oben gesprochen. Danach richtet sich die Länge nach der Größe der abzufertigenden Schiffe. Bei neueren Schuppen sind Längen von 150—200 m für eine Abfertigungsstrecke üblich; bewährt hat sich, zwei durch eine Brandmauer getrennte Abfertigungsstrecken in einem Schuppen zusammenzufassen. Größere Längenentwicklung ist mit Rücksicht auf erforderliche Straßen- oder Eisenbahnquerverbindungen von der Land- nach der Wasserseite und auch aus Gründen der Feuersicherheit nicht zu empfehlen. Die Berechnung der Breite richtet sich ebenfalls nach den oben gegebenen Gesichtspunkten. Erfahrungsgemäß weisen die meisten neueren Schuppen Breiten von rd. 50 m auf; bei Gütern, die große Flächen einnehmen, wie beispielsweise Baumwolle, können sich noch größere Breiten (vgl. Abb. 39) empfehlen.

Für die Bemessung der Spannweiten gilt, daß je weniger Säulen vorhanden sind bzw. je größer die Weiträumigkeit ist, um so wirtschaftlicher der Schuppenraum ausgenutzt werden kann. Bei jeder der vorgenannten Bauweisen sind in den letzten Jahren erhebliche konstruktive Fortschritte erzielt worden. Binder von 25—30 m Spannweite lassen sich in wirtschaftlicher Form herstellen, und mit diesen lassen sich Weiträumigkeitsmaße von 400—470 m² erzielen.

Schließlich ist für das Heben und Stapeln der Ware mit neuzeitlichem Gerät eine entsprechende freie Höhe erforderlich. In vielen Plätzen haben sich freie Höhen zwischen 4 und 5 m in den Erdgeschossen und 3,5 m in den Obergeschossen als ausreichend erwiesen. Je nach Warenart und Gerät, insbesondere dann, wenn Kräne in die Schuppen hinein arbeiten, sind aber auch freie Höhen von 7 m und mehr ausgeführt.

Große Bedeutung für den Betrieb der Kaischuppen hat der Fußbodenbelag. Bei seiner Auswahl sind zwei Punkte von besonderer Bedeutung. Betrieblich gesehen kommt es darauf an, ob der Boden nur für normale Flurförderung bestimmt ist, oder ob er auch Lastwagenverkehr aufnehmen muß. Bautechnisch ist zu unterscheiden zwischen Böden auf festen Gründungen und solchen, die unmittelbar auf dem (zumeist erst während der Bauzeit aufgehöhtem) Gelände aufgelagert sind. In letzterem Falle muß man sich in der Regel auf Sackungen einstellen und nach einer Reihe von Jahren unter Wiederauffüllung des Untergrundes den Boden neu verlegen. Auf dem Gelände unmittelbar aufgelagerte Böden sind sehr beliebt, da sie hoch belastet werden können, was bei festen Gründungen teuer erkauft werden muß.

Pflasterung ist altbewährt, für Flurförderung zwar nicht so angenehm wie Beton, aber anpassungsfähig an Sackungen. Noch verbreiteter ist Holzbelag[1], weil er ebenfalls Sackungen angepaßt werden kann, fast staubfrei ist und bei Wiederaufhöhung der gesamten Fläche zum Teil wiederverwendet werden kann; für Lastwagenverkehr ist Holz nicht geeignet. Holzfußböden bestehen i. a. aus 5—7 cm starken Kiefern oder Hartholzbohlen, die auf Lagerhölzern verlegt sind. Ist es, wie beispielsweise in Hamburg (vgl. Abb. 41), üblich, besondere Flächen zwischen den Stapeln für die Flurförderung frei zu halten, so werden diese Karrbahnen entweder aus besonders widerstandsfähigen Holzsorten hergestellt, oder sie werden durch eiserne Bleche besonders geschützt.

Festgelagerter Baugrund oder eine sonstige feste Gründung vorausgesetzt, können Beton- und Eisenbetonfußböden durch entsprechende Stärkebemes-

[1] Einzelheiten vgl. u. a. Schulze: Seehafenbau, Bd. II, S. 310/11.

sung jeder Art von betrieblichen Belangen, insbesondere dem Lastwagenverkehr angepaßt werden, wobei zur Verstärkung der Oberfläche gegen die Verkehrsbeanspruchungen in der Regel ein besonderer Belag erforderlich ist. Aus der großen Zahl der in Frage kommenden Beläge mögen als Beispiele Basaltsplitt, Asphalt, Holzgranit, Steinholz, Stahlbeton und Panzerbeton herausgegriffen werden.

Von besonderem Interesse ist, daß neuerdings Betonausführungen entwickelt sind, die Lastwagenverkehr aufnehmen können, zugleich aber auch, und zwar durch Auflösung in Einzelplatten, eine Anpassung an Sackungen und eine Wiederverwendung nach etwaiger Aufhöhung gestatten. Die einzelnen Platten müssen nach Form und Gewicht so beschaffen sein, daß sie mit kleineren in den Kaischuppen üblichen fahrbaren Stapelkränen verlegt werden können. Dementsprechend bewegen sich die Seitenlängen je nach dem Untergrunde, dem sich die Platten anpassen müssen, zwischen 0,90—2,50 m. Stärke und Bewehrung richtet sich nach den betrieblichen Ansprüchen; i. a. werden 10—12 cm ausreichen. Bei der Auflösung der Fläche in einzelne Platten ist die Oberflächenausbildung besonders wichtig. Als Beispiel seien zwei Beläge erwähnt, die in Rotterdam[1] zur Ausführung gekommen sind. Bei den sog. (Stelcon-)Ankerplatten wird die Ober-

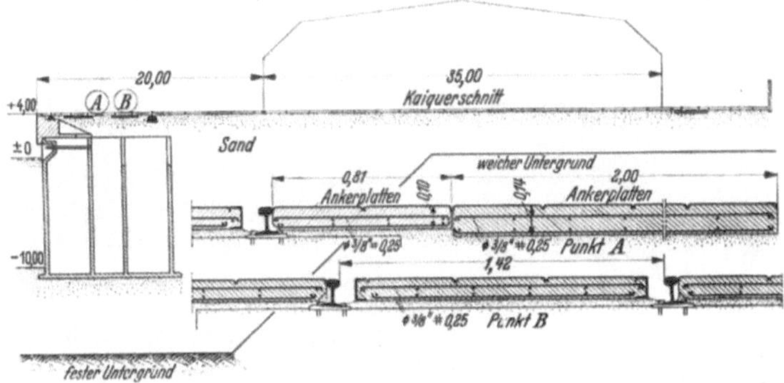

Abb. 33. Stelcon-Ankerplatten als Kaistraßen- und Schuppenbelag.

schicht aus 3 mm Stahlblech (Abb. 33) gebildet, das vermöge einer patentierten Ausbildung mit dem Eisenbeton verbunden wird. Bei den (Stelcon-)Panzerbetonplatten (Abb. 34) besteht die etwa 1 cm starke Oberschicht aus Zement und Hartmetallkörnern; diese Platten sind mit Winkeleisen umbördelt. Weitere Einzelheiten können der angegebenen Quelle entnommen werden.

Wo man mit Rampen oder Ladebühnen (vgl. oben) arbeitet, liegt es nahe, für diese den Bodenbelag des Schuppen zu wählen. Bei Rampen mit Holzbelag ist die frühzeitige und durch Ungleichmäßigkeit leicht zu Betriebsstörungen führende Verwitterung zu bedenken, die bei massiver Ausführung fortfällt. Die Höhe von Rampen beträgt in Deutschland bei Eisenbahnverkehr 1,10 m über S.O., für Lastwagen genügen 0,8—1,0 m. Die Breite richtet sich danach, ob die Rampen zur kurzfristiger Lagerung von Schwergütern mit herangezogen werden müssen, und wie weit Längsverkehr auf ihnen stattfindet. Da diese Voraussetzungen bei den meisten wasserseitigen Rampen vorliegen, liegen deren Breiten zwischen 3,0 m und 10,0 m. Für die landseitigen und Stirnrampen reichen 1—2 m aus. Da Lastkraftwagen im Gegensatz zu Eisenbahnwaggons senkrecht zu den Rampen gestellt werden können, benötigt man für diese die geringsten Breiten.

Es war schon verschiedentlich erwähnt, daß man in vielen Häfen darauf eingestellt ist, die Lastwagen zur Abfertigung in die Schuppen hineinfahren zu lassen. Bei Schuppen mit Fußböden in Kaihöhe macht dies keine Schwierigkeiten. Bei

[1] Werft Reed. Hafen 1935, S. 118/119.

Schuppen mit ansteigenden Fußböden und bei solchen, deren geringe Bodenfläche in Waggonplattformhöhe liegt, müssen besondere Schrägrampen, wie sie bei-

Abb. 34. Verlegung von Stelcon-Panzerbetonplatten.

spielsweise Abb. 53 aus Bordeaux und Abb. 86 aus Los Angeles zeigen, vorgesehen werden. Sollen — entsprechend ausgebildete Decken vorausgesetzt — die Lastwagen auch in den Obergeschossen verkehren, erfolgt der Zugang entweder durch Aufzüge (Abb. 35) oder wiederum durch Schrägrampen, die dann allerdings erheblichen Platz beanspruchen. Auffahrten größten Ausmaßes, die von der Straße zu den Obergeschossen und sogar den Schuppendächern führen, sind bei den Schuppen des Bassin de la Joliette in Marseille in Aussicht genommen[1]. Auch Foerster berichtet wiederholt aus USA. über in die Obergeschosse führende Schrägrampen (vgl. insbes. S. 17, Abb. 42).

Abb. 35. Lastwagenaufzug von 8 t Tragfähigkeit im Joliettebecken in Marseille.

Was die Anordnung von Toren anlangt, so besteht vielfach die wasserseitige Wand aus betrieblichen Gründen ganz aus Toren. Bei Schiebetoren kann dann,

[1] Vgl. Jb. hafenbautechn. Ges. Bd. 17, S. 255, Abb. 14.

da diese paarweise hintereinander geschoben werden können, die halbe Front geöffnet werden. Bei Stahlblech-Rolläden, die im Ausland sehr gebräuchlich sind, kann man die ganze Front bis auf die Stützen öffnen. An den übrigen Seiten genügen in der Regel Einzeltore, die bezüglich Abstand und Abmessungen meist denen der Eisenbahngüterschuppen entsprechen. Die Breiten der wasserseitigen Tore sind bei neuzeitlichen Ausführungen bis zu 10 m gesteigert.

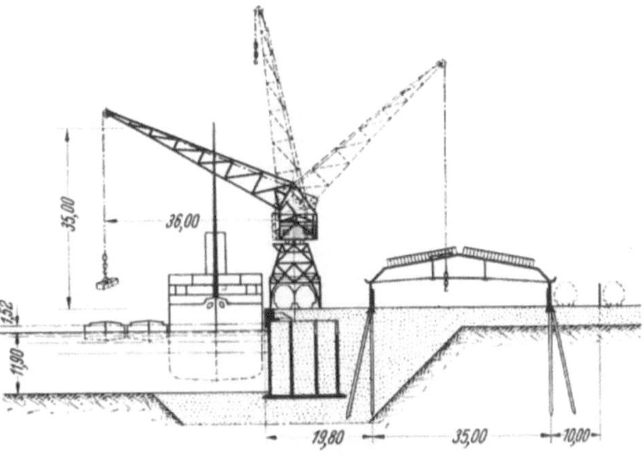

Abb. 36. Kaischuppen mit Dachluken in Rotterdam.

Für schnelle Betriebsabwicklung ist gute **Beleuchtung** erforderlich. Diese kann je nach Art der Dachkonstruktion seitlich durch lotrecht stehende Fenster (Abb. 41) oder durch in die Dachhaut eingebaute Oberlichter erfolgen. Bei dem auf S. 47 beschriebenen Bremer Schuppen beläuft sich die belichtete Dachfläche auf 27% der Gesamtfläche.

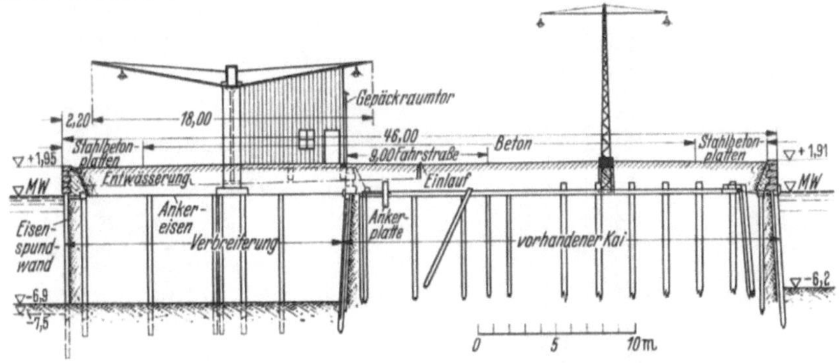

Abb. 37. Kvaesthusbro in Kopenhagen.

Eine betriebliche Besonderheit ist die Anordnung von **Dachluken**. Wir finden solche beispielsweise in Rouen, Dieppe und Rotterdam (Abb. 36). Große Partien von Gütern, die nicht sortiert werden, wie Sackgüter oder Ölkuchen u. a. können durch die Dachluken sehr viel schneller gestapelt werden, da das Absetzen der Hieven auf dem Kai oder der Rampe erspart wird. Dachluken in einem Schuppen in Neapel zeigt Abb. 49.

Abb. 39. Kaischuppen in Stahlkonstruktion.

Für die Durchführung des Schuppenbetriebes ist eine ganze Anzahl von Dienst-, Arbeits- und Wohlfahrtsräumen erforderlich, wie sie auf der schema-

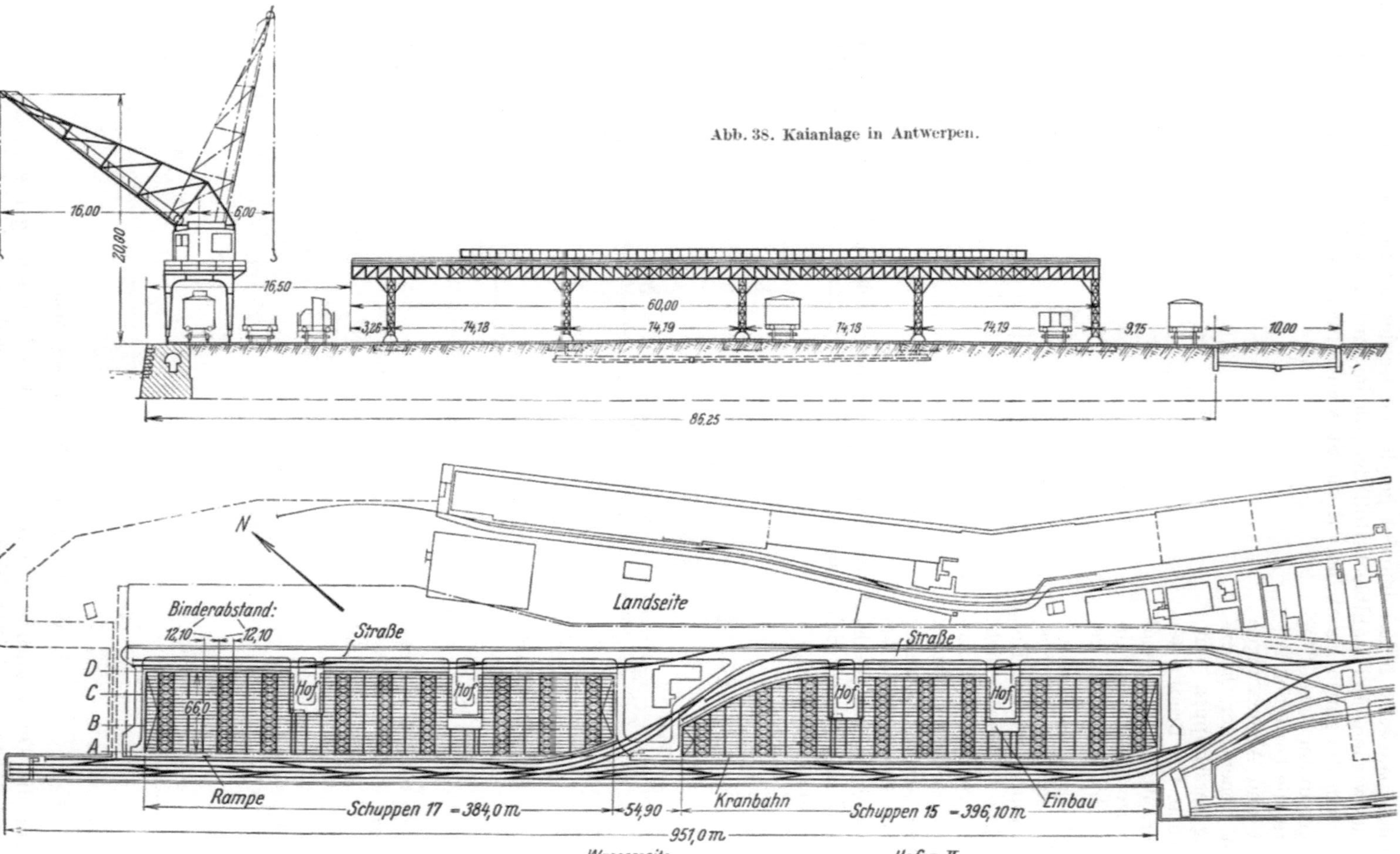

Abb. 38. Kaianlage in Antwerpen.

Abb. 40. Grundriß eines Kaischuppens mit Innenhöfen.

tischen Darstellung der Abb. 31 im einzelnen verzeichnet sind. Diese Räume werden zweckmäßig in besonderen Vorbauten zusammengefaßt, die in der Regel an den Stirnseiten der Lagerfläche angeordnet sind (vgl. Abb. 41); bei dem auf S. 49 beschriebenen Schuppen (Abb. 42) sind die genannten Räume in einem dreigeschossigen Einbau vereinigt, der in der Mitte der Landseite in den Schuppen einschneidet.

e) Beispiele für eingeschossige Kaischuppen.

Als ein Beispiel dafür, wie man in einfachster Art lediglich durch eine Überdachung[1] Stückgütern Schutz gewährt, sei eine 1939 fertiggestellte Anlage in Kopenhagen[2] erwähnt. Die Abb. 37 zeigt die in Eisenbeton erstellte 18 m breite Überdachung, die 300 m lang ist; an drei Stellen sind geschlossene Gepäckräume von 30,0 × 7,5 m Bodenfläche eingebaut.

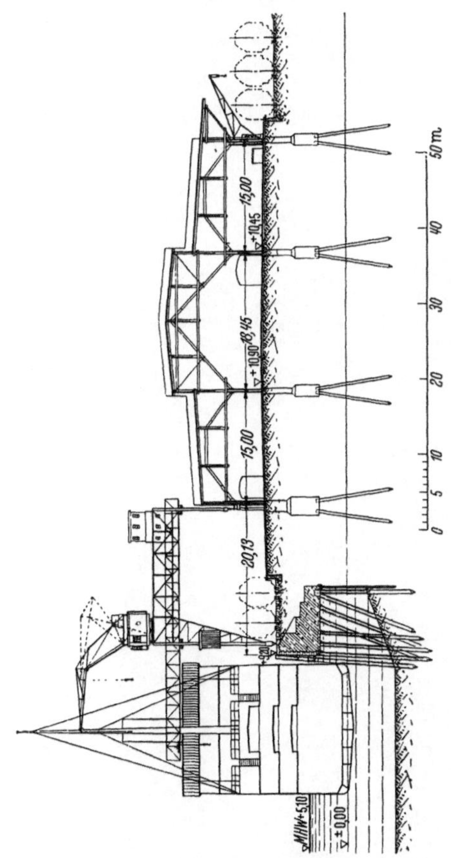

Abb. 41. Querschnitt und Grundriß eines Kaischuppens in Hamburger Holzbauweise.

Als Überdachung größten Ausmaßes ist ferner die Mehrzahl der Schuppen in Antwerpen anzusprechen, die nebeneinander Eisenbahnwaggons, Lastwagen und Warenstapeln Schutz bieten; Abb. 38 gibt einen kennzeichnenden Querschnitt einer derartigen Kaianlage.

[1] Zu beachten ist, daß offene Schuppen zumeist durch Gitter diebstahlsicher gemacht werden müssen.

[2] Bauing. 1939, S. 272.

Bremen[1]. Den Querschnitt eines in älterer Holzbauweise ausgeführten Schuppens zeigt Abb. 65 auf S. 61. Der Schuppen ist 66,0 m breit, die Spannweite der Stützen in der Binderebene beträgt rd. 13 m. An der Wasserseite sind drei

Abb. 42a.
Man beachte die im Abstand von 9,16 m (Längsrichtung) stehenden Säulen, die Dehnungsfuge, die Seitenbeleuchtung, die Oberlichter und die Schiebetore der wasserseitigen Wand.

Gleise angeordnet, die der unmittelbaren Überladung zwischen Waggon und Seeschiff dienen. Lastwagen sind auf die Stirnseiten und auf innerhalb des Schuppens angeordnete Höfe (letztere vgl. auch Abb. 40) angewiesen.

[1] Einzelheiten der Bremer Kaischuppen vgl. Jb. hafenbautechn. Ges., Bd. 9, S. 135ff.

Ergänzend sei noch erwähnt, daß bei einem anderen Bremer Schuppen eine Ingenieurholzbauweise — Gelenkfachwerke der Siemens-Bauunion — Anwendung gefunden hat[1].

Die beiden neuesten Kaischuppen in Bremen (1929) sind entgegen früheren Bedenken in Stahlkonstruktion ausgeführt[2]. Die Tragwerke, aus 2,5 m hohen Fachwerk-Parallelbindern bestehend, liegen in 12,1 m Abstand. Die inneren Spannweiten betragen 19,6 m — 26,0 m — 19,6 m; auf jede freistehende Stütze entfällt 400 m² Schuppenfläche. Auf der Landseite, und zwar in den Drittelpunkten, sind bei jedem Schuppen zwei bis zur halben Gebäudetiefe reichende Höfe angeordnet, von denen Brandmauern zur vorderen Längswand führen. Die 33,0 × 27,0 m Grundfläche umfassenden nicht überdachten Höfe sind ausgepflastert und dienen neben den Stirnrampen der Lastwagenabfertigung. Auf die bis dahin in Bremen übliche Sprinkleranlage[3] ist bei beiden Schuppen verzichtet. Die Gleisausrüstung der Schuppen wird auf Seite 76 besprochen.

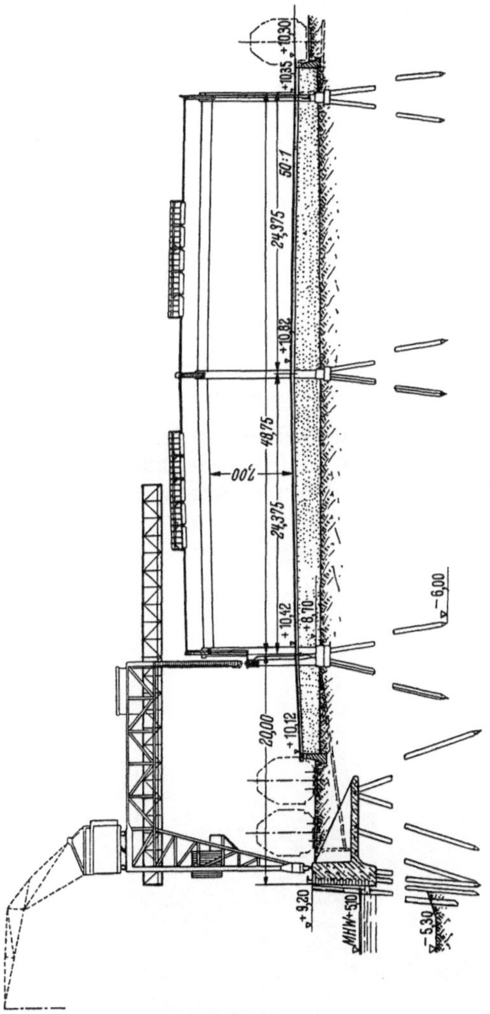

Abb. 42b.

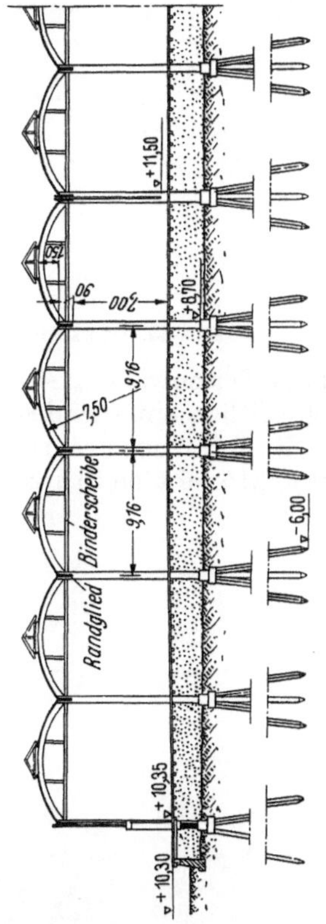

Abb. 42a-c. Innenansicht, Querschnitt und Längsschnitt eines Eisenbetonkaischuppens mit Zeiß-Dywidag-Schalen.

Hamburg[4]. Die Hamburger Kaischuppen sind durch Jahrzehnte in einer besonderen, bei jedem Neubau selbstverständlich sich vervollkommnenden Holz-

[1] Bautechn. 1928, S. 334/35.
[2] Stahlbau 1929, S. 301ff. — Z. VDI, Bd. II, S. 1837. — Abb. 39 und 40 sind Schulze, Seehafenbau, Bd. II, 2. Aufl., entnommen.
[3] Über die Wirkungsweise von Sprinkleranlagen vgl. S. 67 und Wundram.
[4] Bautechn. 1937, S. 253ff. — Zbl. Bauverw. 1939, S. 107ff.

bauweise (Sprengwerke) zur Ausführung gekommen. Der zeitlich letzte Vertreter dieser Hamburger Holzbauweise (fertiggestellt 1929) ist im Querschnitt und Grundriß (Abb. 41) dargestellt. Zwei Reihen stählerne Stützen, die auf hölzernen Rammpfählen und Betonsockel gegründet sind und kräftige hölzerne Binder tragen, teilen den Raum in ein erhöhtes Mittelschiff und Seitenschiffe. Im Mittel-

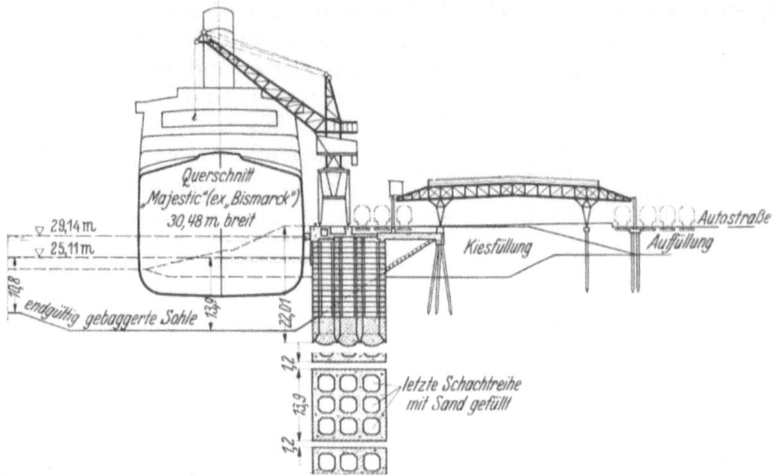

Abb. 43. Querschnitt der neuen Kaischuppen in Southampton.

schiff und den Seitenwänden sind Fensterbänder angeordnet, so daß die Beleuchtung durch seitlich einfallendes Licht erfolgt. Der Schuppen ist 290 m lang und durch eine Brandmauer unterteilt. Die Binder sind in 9 m Abstand angeordnet, so daß auf je 215 m² eine Stütze entfällt.

Abb. 44. Die neuen Kaischuppen in Southampton aus der Vogelschau.

Die wasserseitige Wand ist unter dem Kranschienenträger in voller Länge in Wellblechschiebetore aufgelöst, die paarweise hintereinander geschoben werden können; die landseitige Wand enthält ein Schiebetor in jedem Binderfeld. Die wasserseitige Ladebühne ist 10 m breit. Zwischen Rampe und Kaikante sind zwei Eisenbahngleise angeordnet, die ausgepflastert sind, damit gleichzeitig Lastwagen verkehren können; Lastwagen können außerdem an den Stirnseiten abgefertigt werden.

Die Sprengwerkbauweise hat sich in Hamburg besonders für die verwendeten Spannweiten 15,0—18,0—15,0 m gut bewährt; sie hält auch gegenüber der mit sparsamerem Baustoffaufwand arbeitenden Ingenieurholzbauweise den wirtschaftlichen Vergleich aus, sobald man die Lebensdauer der Bauwerke in Betracht zieht. Ungünstig ist, daß für Sprengwerke sehr starke Hölzer erforderlich sind.

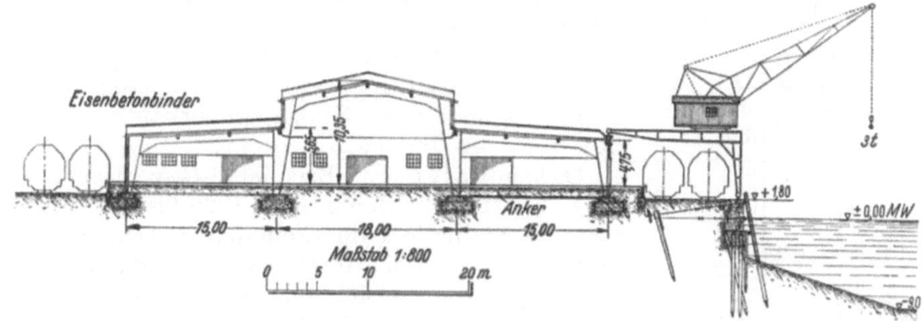

Abb. 45. Kaischuppen in älterer Eisenbetonbauweise.

In neuerer Zeit sind in Hamburg in je einem Falle die Eisenbetonausführung (Schuppen 59 am Südwesthafen 1930) und die Ingenieurholzbauweise (Erweiterung Verteilungsschuppen Kamerunkai 1937[1]) zur Anwendung gekommen.

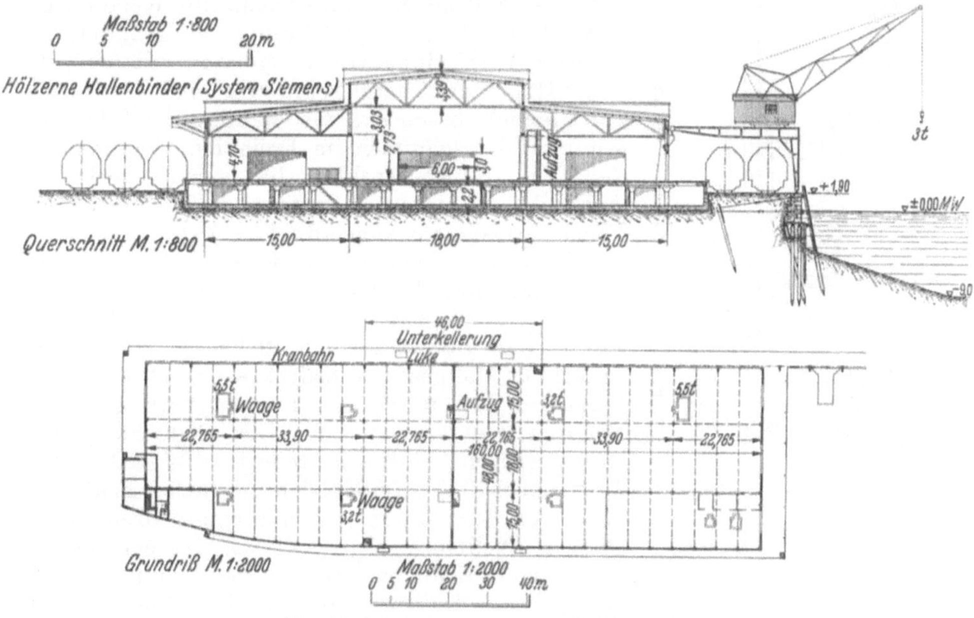

Abb. 46. Kaischuppen in neuerer Holzbauweise.

Bei dem Eisenbetonschuppen[2] konnte mit Hilfe von Zeiß-Dywidagschen Schalen das Weiträumigkeitsmaß auf 450 m² vermehrt werden. Die Überdachung besteht aus 36 quer zur Schuppenlängsachse stehenden Schalengewölben, die außer an den Enden nur durch eine Säulenreihe in der Mitte getragen werden. Die Spannweite der Schalen beläuft sich in der Achsenrichtung auf rd. 24,0 m

[1] Vgl. Bautechn. 1937, S. 258 und Zbl. Bauverw. 1939, S. 110.
[2] Bautechn. 1932, S. 200ff.

und senkrecht dazu 9,16 m, die Stärke der Schalen beträgt 5,5 cm im Scheitel und nimmt an den Übergängen zu den Binderscheiben und dem Rande auf 8 cm zu.

Die Dachbinder der an dem neuen Kai am Testfluß in Southampton[1] errichteten Kaischuppen bestehen aus eisernen Fachwerkträgern mit beiserseitigen Kragarmen auf Fachwerkstützen, die auf Eisenbetonpfahlroste gegründet sind; die Umfassungswände sind unabhängig von der Dachkonstruktion. Die Abb. 43 u. 44 zeigen die Aufteilung der Kaifläche, insbesondere die reichliche Gleisausrüstung; wasser- und landseitig laufen je ein Gleis innerhalb der Schuppen. Der Schuppenfußboden besteht aus Eisenbetonplatten, die Lastkraftwagen tragen können; die Böden steigen von Kaimaueroberkante bis zur Landseite um 0,9 m an.

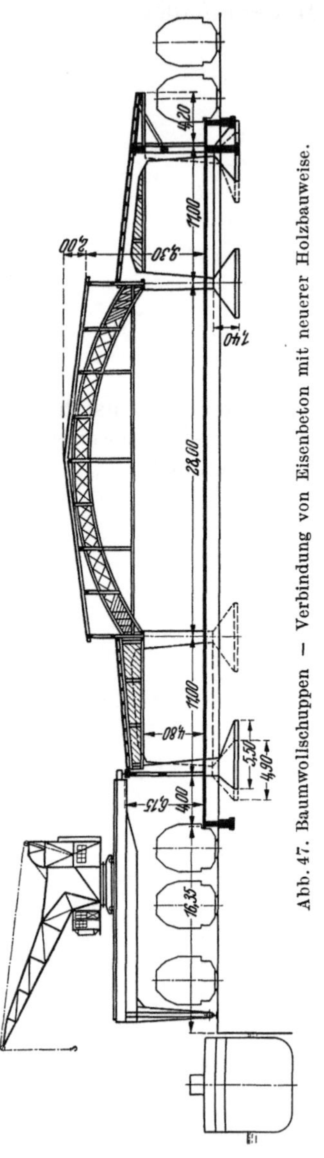

Abb. 47. Baumwollschuppen — Verbindung von Eisenbeton mit neuerer Holzbauweise.

Ostseehäfen. Ein Beispiel älterer Eisenbetonweise bietet die in den Jahren 1926 bis 1929 fertiggestellte Südhalle I im Freihafen in Danzig[2]. Die Seitenteile werden durch Rahmenbinder überspannt, auf denen sich das Mittelstück als Zweigelenkbogen stützt. Die Gesamtfläche des Schuppens beträgt 10500 m², die Weiträumigkeit 360 m².

Die anschließende, 1929 errichtete Halle II ist in neuerer Holzbauweise (Siemens-Bauunion) ausgeführt. Auf eine Eisenbetonstütze des Schuppens entfallen 470 m² Schuppenfläche; die Kellerdecke ist als Pilzdecke für 3 t/m² Nutzlast ausgebildet.

Eine Verbindung von Eisenbeton mit neuzeitlicher Holzbauweise stellt ein 250 m langer (11700 m² Nutzfläche), besonders für Baumwolleinfuhr bestimmter Kaischuppen im Freihafen Gotenhafen[3] dar. Die Holzkonstruktion hat einen feuerfesten Anstrich erhalten, außerdem sind selbsttätige Feueralarmsignale angeordnet.

Neapel[4]. Einen Eisenbetonschuppen auf der im Mittelpunkt des Hafens von Neapel gelegenen Mole Masaniello zeigt Abb. 49 im Querschnitt. Das 325 m lange Bauwerk ist in 40 Felder von je 8 m unterteilt; die gesamte bedeckte Grundfläche beträgt rd. 11 000 m², das Fassungsvermögen des Schuppens etwa 60 000 t. Die Bedachung des wasserseitigen Schiffes ist teils gewölbt, teils flach. Im flachen Teil befindet sich für jedes Feld eine Luke von 6,0 × 4,0 m, die mit einem dreiteiligen starken Wellblech abgedeckt ist, das bei Bedarf leicht vom Kran entfernt werden kann. In der Nähe dieser Luken, und zwar in jedem zweiten Feld, sind Lüftungsöffnungen und Oberlichter angeordnet. Wasserseitig sind zwei (eingepflasterte) und landseitig drei Gleise angeordnet; der Fußboden steigt von Kaioberkante bis 1,25 m Rampenhöhe an.

[1] Jb. hafenbautechn. Ges., Bd. 15, S. 144ff.
[2] Jb. hafenbautechn. Ges., Bd. 14, S. 184ff.
[3] Jb. hafenbautechn. Ges., Bd. 14, S. 210. — Werft Reed. Hafen 1933, S. 1ff. — Bautechn. 1938, S. 626ff.
[4] Werft Reed. Hafen 1935, S. 42.

Bordeaux[1]. Bei einem Kaischuppen am linken Garonneufer in Bordeaux (Abb. 50) ist bemerkenswert, daß bei Bedarf auch das Dach mit Gütern belegt

Abb. 48. Baumwollschuppen, Innenansicht.

werden kann. Der Schuppen hat einen nach dem Lande hin ansteigenden Fußboden, der in einer 2,20 m breiten Bahnrampe endet. Im Mittelschiff ist eine 8,50 m breite Pflasterstraße eingebaut.

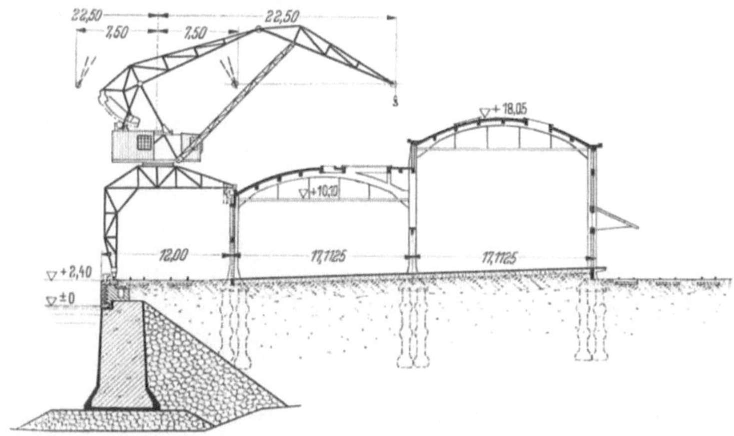

Abb. 49. Querschnitt eines Eisenbetonschuppens in Neapel.

f) Beispiele für mehrgeschossige Kaischuppen.

Frankreich. Marseille[2] ist durch Stückgut- und Fahrgastverkehr gekennzeichnet; da die Kaizungen dem Meere abgewonnen werden müssen, besteht insofern Raummangel. Diese Umstände machen die zahlreiche Verwendung von Stockwerkschuppen verständlich. Hierunter werden zwei Beispiele aus dem Joilettebecken gebracht; dessen Umbau schon an anderer Stelle (S. 14/15) behandelt

[1] Bautechn. 1932, S. 525, Abb. 27.
[2] Bauing. 1937, S. 755/56. — Bautechn. 1939, S. 302ff. — Jb. hafenbautechn. Ges., Bd. 17, S. 254ff.

wurde. Aus Raummangel mußten die Kaizungen besonders schmal gehalten werden. Als Folgeerscheinung ist auf der nördlichsten Schrägzunge ein dreistöckiger Eisenbetonschuppen errichtet; das oberste Geschoß ist zwecks Gewichts-

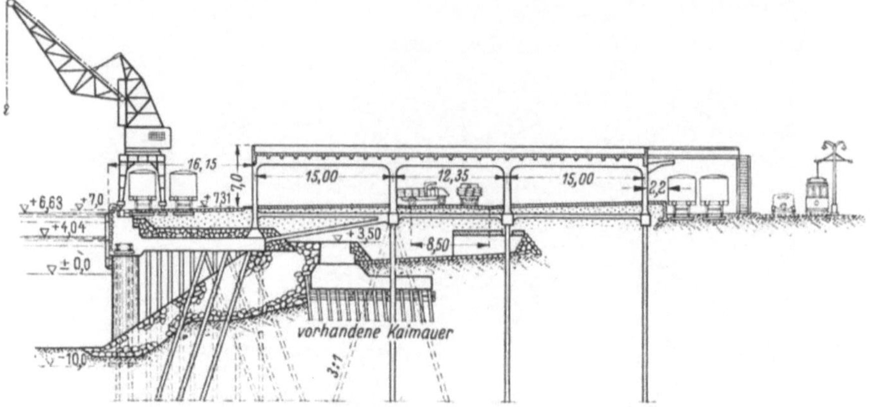

Abb. 50. Eingeschossiger Kaischuppen am linken Garonneufer in Bordeaux.

verringerung als Eisenfachwerk ausgeführt (Abb. 51). Das Lastwagen zugängliche Erdgeschoß dient dem Umschlagbetrieb, das erste Stockwerk dient der Abfertigung von Fahrgästen (man beachte die Fahrgastbrücke mit verstellbarer Treppe) und der Lagerung bestimmter Güter. Das zweite Stockwerk ist dem Gemüseumschlag, einer Besonderheit Marseilles, vorbehalten. Dem Verkehr zwischen den Geschossen dienen Aufzüge, die zum Teil Lastwagen tragen können.

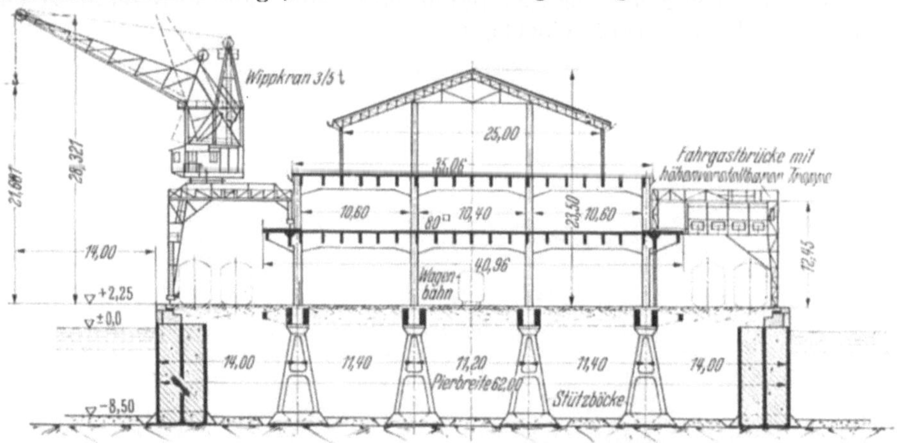

Abb. 51. Umschlagschuppen auf der nördlichsten Schrägzunge des Joliettebeckens in Marseille.

Bei einem anderen Schuppen (Abb. 52) mußte man aus betrieblichen Gründen Wert darauf legen, im Innern ohne Pfeiler auszukommen. Dies ist durch genietete Vollwandträger, die 22 m überspannen, erreicht. Das Obergeschoß kann eine gleichmäßige Belastung von 1,5 t je m² und außerdem 10 t-Lastwagen tragen.

Ein Bauwerk aus Bordeaux[1] zeigt Abb. 53. Das Obergschoß dieses 120 m langen Schuppens springt wasserweitig zwecks Bildung einer Absetzrampe zurück; die Decke des Obergeschosses kann mit 2 t je m² belastet werden. Im Erdgeschoß dient der in der Mitte (des Querschnitts) gelegene 10,80 m breite Streifen

[1] Werft Reed. Hafen 1936, S. 59.

als Straße für Lastwagen; über diesem Streifen sind in der Decke Beleuchtungsluken eingebaut. Der Schuppen hat von der Wasserseite her ansteigenden Fußboden, so daß landseitig eine 2,20 m breite Eisenbahnrampe ausgebildet werden konnte.

England[1]. Obwohl auch in den englischen Häfen in der Regel für Umschlag- und Lagerware verschiedene Bauwerke zur Verfügung gestellt werden, sind in

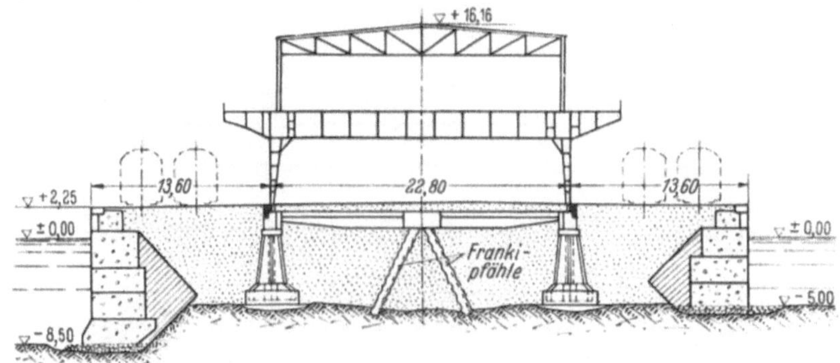

Abb. 52. Umschlagschuppen auf der südlichsten Schrägzunge des Joliettebeckens in Marseille.

zahlreichen Häfen mehrgeschossige Umschlagschuppen zu finden. Die Hauptbegründung dürfte zumeist räumliche Beengtheit sein; aber auch noch andere Faktoren spielen eine Rolle. So dienen z. B. in Southampton Obergeschoßräume der Abfertigung von Fahrgästen. In einem doppelgeschossigen Schuppen in London wird in das Erdgeschoß gelöscht und aus dem oberen geladen. In Manchester[2] am Hafenbecken 8 ist der ungewöhnliche nur auf Grund besonderer örtlicher Verhältnisse zu erklärende Fall zu verzeichnen, daß am Kai ein vier-

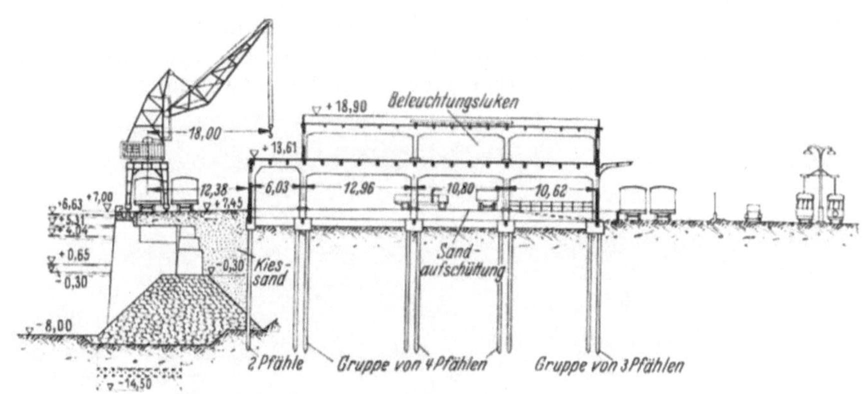

Abb. 53. Richelieukai in Bordeaux (Querschnitt).

geschossiger Umschlagschuppen errichtet ist, hinter dem aber nach Bremer Muster noch ein außer dem Keller sechsgeschossiger Speicher zur Verfügung steht.

Die Abb. 54 zeigt einen dreigeschossigen Schuppen der Gladstone Docks in Liverpool. Der Schuppen hat ein plattes asphaltiertes Dach, auf dem landseitig die in England vielfach gebräuchlichen Dachkräne laufen.

Holland. Zweigeschossige Schuppen sind mehrfach in Amsterdam[3] ausgeführt; auch hier wird Raummangel als wesentlicher Grund angegeben. U. a.

[1] Werft Reed. Hafen 1929, S. 125ff. oder Bautechn. 1929, S. 223ff.
[2] Werft Reed. Hafen 1929, Abb. 16.
[3] Jb. hafenbautechn. Ges., Bd. 10, S. 164ff.

ist die schon aus anderem Anlaß erwähnte Umschlaganlage am Borneokai (vgl. S. 10 Abb. 7 und Abb. 55) mit einem zweigeschossigen Schuppen ausgestattet. Säulen und Decken des unteren Geschosses sind in Eisenbeton (Pilzdecken) ausgeführt. Der Querschnitt läßt einen der Nachteile der zweigeschossigen Bauweise, nämlich das geringe Weiträumigkeitsmaß, erkennen. Die Tragkonstruktion

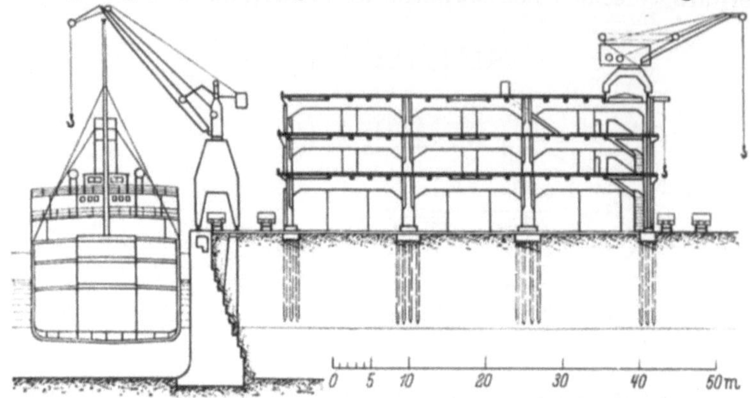

Abb. 54. Dreigeschossiger Kaischuppen der Gladstone-Docks in Liverpool.

über dem Obergeschoß ist aus Eisen erstellt. Auf jedem der in 12 m Abstand angeordneten Fachwerkbinder ist ein Oberlicht angeordnet.

In Rotterdam sind von Privatgesellschaften auf Grund hoher Grundstückspreise verschiedene zweigeschossige Schuppen errichtet; diese Schuppen sind zwar imstande, die Ladungen mehrerer kurz aufeinander folgender Seedampfer aufzunehmen, der wasserseitige Abtransport stößt aber infolge Überfüllung des Kais auf Schwierigkeiten.

USA[1]. Sehr häufig — überwiegend beispielsweise in New York — ist die zweigeschossige Bauweise bei den nordamerikanischen Piers (vgl. S. 24). Zweifellos drängt der typische schmal gehaltene Pier zur Höhenentwicklung der Schuppen.

Abb. 55. Obergeschoß eines Kaischuppens am Borneokai in Amsterdam.

Es ist aber in vielen Fällen bestätigt worden, daß die Obergeschosse gar nicht für den Umschlag, sondern für Lager- oder Fabrikationszwecke oder auch für Fahrgastabfertigung ausgenutzt werden; wird aber tatsächlich reiner Kaiumschlag betrieben, stellt sich dieser teuer.

Als Beispiel aus der Binnenschiffahrt wird der Querschnitt eines in einem Kanalhafen kürzlich errichteten dreigeschossigen Stückgutschuppens (Abb. 56)

[1] Jb. hafenbautechn. Ges., Bd. 10, S. 164ff.

gebracht (vgl. auch S. 27). Der Schuppen dient der Lagerung von Kaufmannsgütern aller Art. In der Regel werden im Erdgeschoß die Güter mit kurzfristiger Lagerung gestapelt, die übrigen im Kellergeschoß und den Obergeschossen. Der Schuppen ist auf einer durchgehenden Eisenbetonplatte ge-

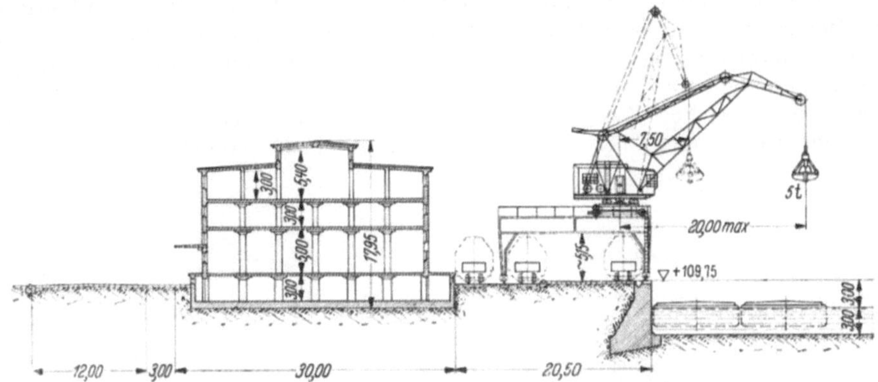

Abb. 56. Dreigeschossiger Stückgutschuppen in einem Binnenhafen.

gründet, ist 28 m breit und 50 m lang (mit dem anschließenden Getreidespeicher insgesamt 100 m lang). Der Schuppen ist in Eisenbetonskelettbauweise mit Ziegelmauerwerk gebaut. Die einzelnen Maße sind aus der Abbildung ersichtlich.

g) Kaischuppen für besondere Zwecke.

In großen Häfen hat es sich als notwendig erwiesen, Kaischuppen für gewisse Sonderzwecke zur Verfügung zu stellen. Von diesen soll nunmehr die Rede sein.

In der Abb. 3 war eine Übersicht der Ausfuhr ab Werk über einen Seehafen (Hamburg) gegeben. Die Abbildung läßt erkennen, daß sowohl mit der Eisenbahn als auch mit Lastwagen Sammelladungen im Hafen eintreffen, die über einen Verteilungsschuppen (Kamerunkai) zur Ausfuhr kommen. In Hamburg und Bremen haben sich die Bauwerke, die dem Exportsammelladungsverkehr dienen, zu Zentralanlagen großen Ausmaßes entwickelt.

Wie aus der angezogenen Abbildung ersichtlich, dient in Hamburg diesem Zweck der verkehrsgünstig inmitten des Freihafens gelegene „Verteilungsschuppen Kamerunkai"[1]. An diesen Schuppen können die binnenländischen Spediteure Sammelwaggons adressieren, die über den Hamburger Hafen auszuführende Stückgüter enthalten. Diese Stückgüter werden im Schuppen entladen, nach Verkehrsrichtung und Reederei sortiert und vor Abfahrt des in Frage kommenden Seeschiffs seitens der Reederei auf deren Kosten abgenommen und mittels Hafenfahrzeug (Schute) längsseit des Seeschiffs gebracht.

Um bezüglich der Verkehrsbedeutung einen Anhalt zu geben, sei erwähnt, daß an der Hamburger Anlage täglich durchschnittlich 120 Waggons mit Sammelgut eingehen; im Spitzenverkehr müssen 200 Waggons und mehr abgefertigt werden. Die Zahl der umgeschlagenen Tonnen belief sich 1937 auf rd. 300 000.

In immer steigendem Maße bringen aber auch Kraftwagenzüge Stückgütersammelladungen, die in gleicher Weise wie das Eisenbahngut behandelt werden; 1938 sind 4150 Lastwagen abgefertigt worden.

Wie in baulicher Beziehung den geschilderten Betriebserfordernissen genügt wird, zeigt die schematische Darstellung (Abb. 57); auf die in den Schuppen auf 125 m Länge hineingeführten beiden Gleisstränge wird besonders hingewiesen. Beachtlich ist ferner der Autobahnhof (vgl. S. 36 und Abb. 29), der einerseits den

[1] Bautechn. 1937, S. 258/59. — Bauing. 1937, S. 737ff. — Zbl. Bauverw. 1939, S. 110ff.

Lastzügen genügende Bewegungsfreiheit läßt, andererseits aber durch Zuhilfenahme kurzer Rampenzungen gewährleistet, daß möglichst viele Lastwagen auf einmal entladen werden können. Weitere bauliche Einzelheiten können den angegebenen Quellen entnommen werden.

Insgesamt können in Hamburg für Verteilungsverkehr 57 000 m² überdachte Lagerfläche, 2000 m Eisenbahnladerampe, 500 m Rampe für Eisenbahn- und Kraftwagenabfertigung und 250 m nur für Kraftwagen (Güterferntransport) nutzbar gemacht werden.

Eine den gleichen Zwecken dienende Anlage hat sich Bremen in seinem „Sammelgutschuppen Weserbahnhof" geschaffen. Entsprechend den im Ver-

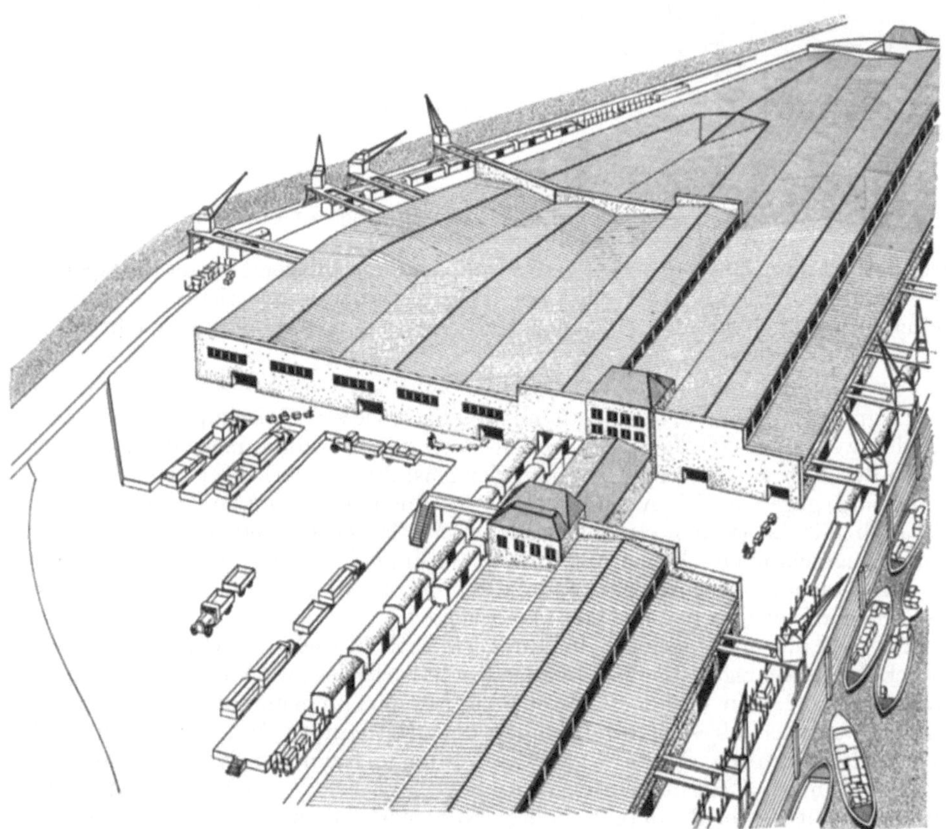

Abb. 57. Der Verteilungsschuppen in Hamburg. (Schematische Übersicht.)

gleich zu Hamburg anders gelagerten örtlichen und Verkehrsverhältnissen (Eisenbahnhafen) hat die Bremer Anlage ihren Platz nicht innerhalb sondern in der Nähe des Freigebiets erhalten. Die Stückgüter kommen wie in Hamburg mit Eisenbahn oder Lastzug an, die Verteilung erfolgt aber vermittels Waggons der Hafenbahn, die an die Seeschiffe geleitet werden, wo die Überladung unmittelbar erfolgt.

Der Grundriß (Abb. 58) zeigt das südlich des Schuppens an einer überdachten Rampe gelegene Ausfuhrgleis für die Sammelwaggons sowie die an der Nordseite in Verbindung mit einem geräumigen Halteplatz angeordnete Rampe, an der bis zu 25 Lastzüge gleichzeitig empfangen werden können; die beiden Schienenstränge für die der Verteilung dienenden Waggons der Hafenbahn laufen mitten durch den Schuppen. Die gebogene Grundform des Schuppens ist durch Platzmangel bestimmt. Der Querschnitt zeigt ein erhöhtes Mittelschiff mit anschließenden Seitenschiffen. Das Licht fällt seitlich durch Fensterbänder im Mittelschiff und den Seitenschiffen ein. Der Schuppen ist in Eisenkonstruktion erstellt, die aus Gründen der Feuersicherheit ummantelt ist; der weiteren Feuersicherheit dienen mehrere Schürzen in Querrichtung des Schuppens. Am Westende des Schuppens befinden sich Büros sowie sehr zweckentsprechende Räume für die Unterkunft der Lastkraftwagenführer.

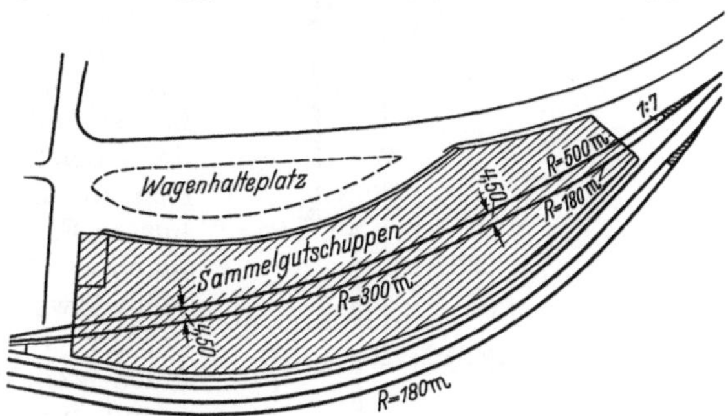

Abb. 58. Grundriß eines Sammelgutschuppens.

Das Gegenstück zu den beiden beschriebenen, der Ausfuhr und speziell der Verteilung dienenden Anlagen bildet in Hamburg der sog. Sammelschuppen, dem aus den übrigen Umschlagschuppen Einfuhrstückgüter zugeführt werden, die dann zu Wagenladungen nach Bestimmungsorten des Hinterlandes zusammengestellt werden. Der Schuppen liegt an flußschifftiefem Wasser, landseitig befindet sich eine Rampe für Lastwagenabfertigung, außerdem führen zwei Gleisstränge in den Schuppen hinein. Die Anfuhr kann also mit Schute, Lastwagen oder Hafenbahn, wovon am meisten Gebrauch gemacht wird, erfolgen; für die Abfuhr kommt nur die Eisenbahn in Frage.

Die Übernahme, Besichtigung, Umpackung und Versteigerung von Süd-

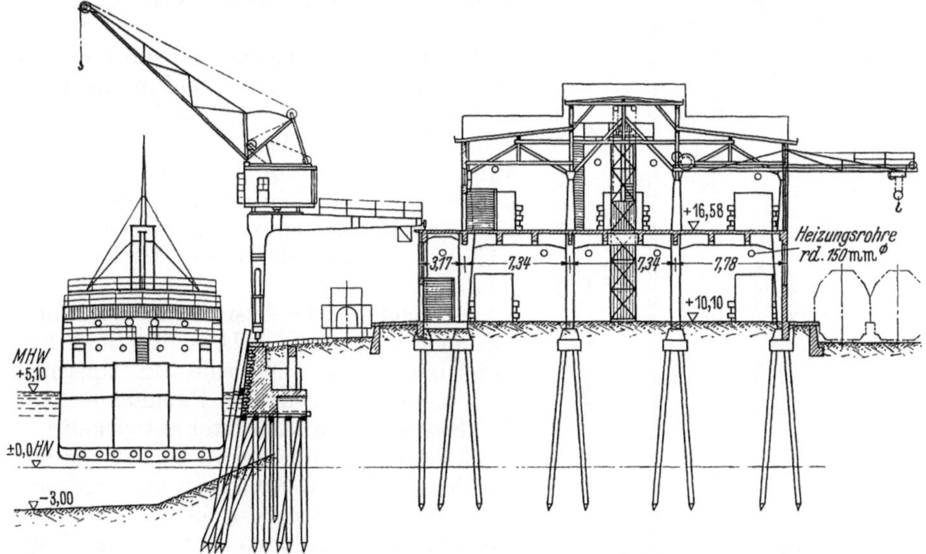

Abb. 59. Zweigeschossiger Südfruchtschuppen.

früchten (Apfelsinen, Zitronen, Weintrauben und Bananen) erfordert die Vorhaltung besonderer Schuppenbauwerke[1]. Der grundsätzliche Unterschied gegenüber anderen Umschlagschuppen besteht darin, daß unter Zuhilfenahme von Heizungsanlagen, Be- und Entlüftungseinrichtungen eine gewisse Temperatur in den Räumen gehalten werden muß. Besonders Bananen, deren Einfuhr sich außerordentlich entwickelt hat, vertragen weder Kälte noch übermäßige Wärme;

[1] Bautechn. 1937, S. 253ff. — Zbl. Bauverw. 1939, S. 107ff.

letztere würde das Reifen beschleunigen und somit die Versandfähigkeit herabsetzen. Der Bananenumschlag macht u. U. sogar die Einbeziehung der Überladegleise in den Schuppen erforderlich.

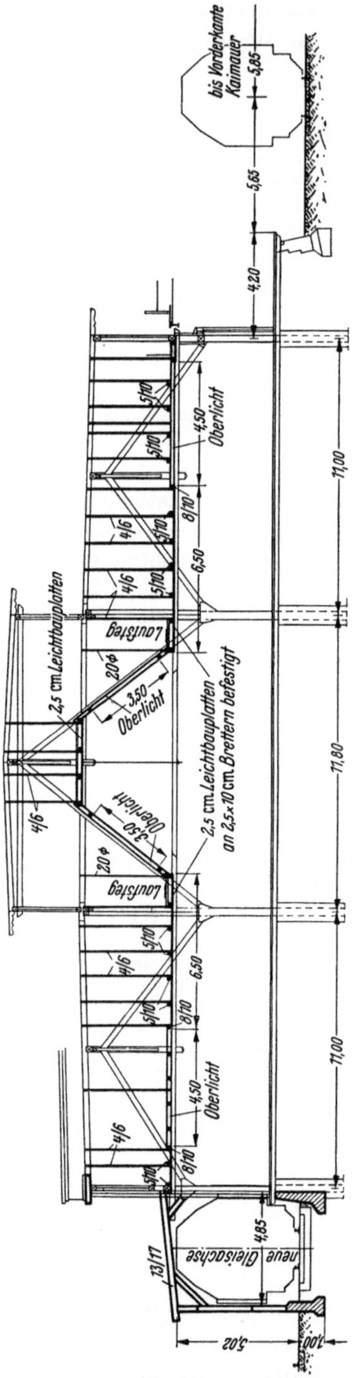

Abb. 60. Zur Aufnahme von Bananen umgebauter Kaischuppen.

Das Halten einer gewissen Temperatur bedingt eine wärmehaltende Ausbildung der Außenwände und Decken. Die bei einer Anzahl von Hamburger Fruchtschuppen übliche doppelte Holzschalung mit Torffüllung hat sich durchaus bewährt, besonders da der Übelstand der Schwitzwasserbildung, der sich in einem in Beton ausgeführten Hamburger Fruchtschuppen schädlich bemerkbar machte, vermieden wird. Die Bildung von Schwitzwasser steht mit den Ausdünstungen der Früchte in Zusammenhang. Die angefeuchteten Wände geben einen guten Untergrund für Pilz- und Schimmelbildung; die Wasseransammlungen können so stark werden, daß die Fruchtkisten von unten zu faulen beginnen. Die Abhilfe in dem erwähnten Sonderfall bestand darin, daß zusätzliche Fensterklappen — eine künstliche Entlüftung, die aber nicht ganz ausreichte, war vorhanden — zum Abführen des Wasserdampfes eingebaut wurden. Eine gute Isolierung geben auch verschiedene Sorten von Leichtbauplatten.

Die Heizungsanlagen[1], auf die hier nicht eingegangen werden kann, sind in Anbetracht der großen Räume sehr umfangreich; sie sind auf Wärmegrade von 6—12° C bei einer Außentemperatur von —15° C abzustellen. Heizkörper oder Rohrleitungen werden der besseren Raumausnutzung wegen zweckmäßig an Pfeilern oder an den Decken untergebracht.

Die mechanische Ausrüstung der Fruchtschuppen in bezug auf Umschlag und Flurförderung ist die auch sonst in Umschlagschuppen übliche; für den Bananenumschlag sind besondere Bandförderer entwickelt[2].

Eine kennzeichnende Anlage für Fruchtumschlag stellt ein Schuppen am Versmannkai in Hamburg dar (Abb. 59). Das in Kisten oder Fässern eingeführte Gut wird mit Wippkränen auf die untere oder obere Laderampe gesetzt, dann sortiert, gestapelt und versteigert. Die Abfuhr für den Inlands- und Ortsverbrauch erfolgt entweder mit Lastwagen über die wasserseitige Rampe oder landseitig, wo Laufkatzenkräne zur Verfügung stehen, mit der Eisenbahn; dem Verkehr

[1] Vgl. Wundram: S. 53ff.
[2] Vgl. Abb. 61; ferner Wundram: S. 77 und Zbl. Bauverw. 1939, S. 113, Abb. 15.

zwischen den Geschossen dienen Aufzüge und Wendelrutschen. Bei diesem Fruchtschuppen ist ein zweites Stockwerk durchaus angebracht, einmal weil für die Versteigerung zusätzliche Fläche gebraucht wird und ferner, weil eine Be-

Abb. 61. Innenansicht des Bananenschuppens mit Förderbändern.

ladung von See- oder Binnenschiffen nicht in Frage kommt; der Betrieb wickelt sich nur in einer Richtung ab.

Für Bananeneinfuhr wurde 1934 in Hamburg ein bis dahin für Stückgut benutzter älterer Schuppen hergerichtet. Um die Heizwärme halten zu können,

Abb. 62. Bananenschuppen am Marokkokai in Dieppe.

wurde, wie im einzelnen aus den Abb. 60 und 61 ersichtlich, eine Decke mit reichlichem Oberlichtfenstern eingezogen; als Isolierung dienen 2,5 cm starke Leichtbau-(Lossius-)platten. Für den eigentlichen Bananenumschlag ist ein 120 m langer Raum bestimmt; in gleicher Länge wurde das landseitige Gleis überbaut und in den Schuppen einbezogen; die Enden dieses Gleistunnels können durch stählerne Rolltore geschlossen werden. In einem am Westende des Schuppens gelegenen früheren Kesselhaus wurden Bananenreiferäume hergerichtet. Neben Kaikränen besitzt der Schuppen auf Halbtoren verfahrbare Bananenelevatoren, welche die Bananenbüschel zu den im Schuppeninneren aufgestellten Förderbändern befördern.

Schließlich soll noch ein dem Bananenumschlag dienender Neubau in Dieppe[1] kurz beschrieben werden (Abb. 62). Dieser in Eisenbeton ausgeführte Schuppen hat ein Erdgeschoß von 4,50 m und ein Obergeschoß von 3 m lichter Höhe. An der wasserseitigen Schuppenfront ist im Innern der Fußboden von 18 Luken (je 2 × 4,5 m) durchbrochen, die mit leicht aufnehmbaren, aber die Bodenlast tragenden Eichenbohlen abgedeckt sind. Den Luken im Obergeschoß entsprechen elf Luken im gewölbten Schuppendach von je 4,50 × 5 m Öffnung. Die Dachluken sind vorzugsweise für das Einbringen der unverpackten Bananenbüschel mittels der Bananenentlader (Abb. 62) bestimmt.

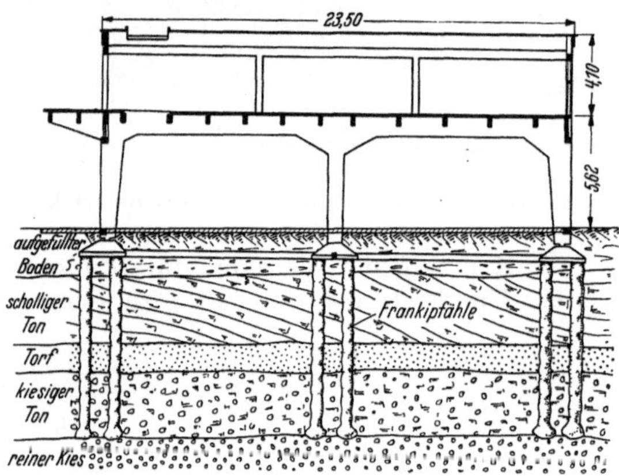

Abb. 63. Querschnitt des Bananenschuppens in Dieppe.

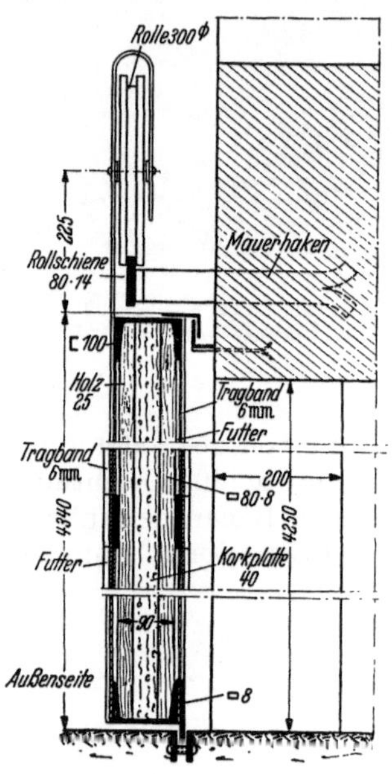

Abb. 64. Querschnitt eines Schiebetores im Erdgeschoß.

Der Wärmedurchgang ist bei diesem Schuppen weitgehend abgedämmt. Die Schuppenseitenwände sind zwischen dem Eisenbetonfachwerk in Ziegeln ausgeführt. Decke, Dach und Seitenwände sind mit Korkstein isoliert. Die Verbindung der Geschosse erfolgt durch Wendeltreppen, die durch Wärmeschleusen betreten werden. Die Schuppentüren sind entsprechend Abb. 64 als seitliche Schiebetüren ausgeführt. Die Dachluken werden durch auf Schienen rollende Schiebedeckel verschlossen; ihr eisernes Rahmenwerk ist von innen mit Kiefernholz bekleidet, darauf mit Korkplatten ausgesetzt und mit verzinktem Eisenblech abgedeckt. Die Lukendeckel werden ebenso wie die Türen im Ruhezustand durch eine Gummidichtung gegen Luftdurchlaß geschützt.

Der Schuppen ist mit Heizung und Kühlanlage versehen. Die Erwärmung bzw. Kühlung erfolgt durch Luftumwälzung, Flügelradlüfter drücken die in einem Rohrsystem vorgewärmte oder vorgekühlte Luft in den Raum; durch Kontaktthermometer wird dafür gesorgt, daß beim Unter- oder Überschreiten der geforderten Temperatur Erwärmung oder Kühlung automatisch angestellt wird. Betreffs weiterer technischer Einzelheiten wird auf die Quellen verwiesen.

[1] Techn. d. Trav. 1938, S. 311. — Bauing. 1938, S. 363/64.

3. Stückgutspeicher.

a) Aufgabe, Gestaltung und Lage innerhalb des Gesamthafens.

Im Gegensatz zum Kaischuppen dienen die Speicher der langfristigen Aufnahme von Waren. Der Zeitraum der Lagerung hängt von den Bedürfnissen des Handels ab, kann also nicht durch betriebliche Rationalisierungsmaßnahmen beschleunigt werden. Eine wirtschaftliche Ausnutzung der Hafengrundfläche ist daher nicht wie bei den Kaischuppen durch ständig sich wiederholende Benutzung, sondern nur dadurch zu erreichen, daß auf relativ geringer Fläche mehrere Stockwerke übereinander angeordnet werden. Als Vorteile dieser mehrgeschossigen Bauweise, die in der Tat für Speicher die Regel ist, sind kürzere Verkehrswege innerhalb des Hafens und Ersparnisse bezüglich der Hebezeuge zu nennen. Die Hebezeuge sind nämlich gleichzeitig für alle Geschosse benutzbar; die durch den größeren Hub verursachten Mehrkosten können in Anbetracht der langen Zeit der Einlagerung außer Betracht bleiben.

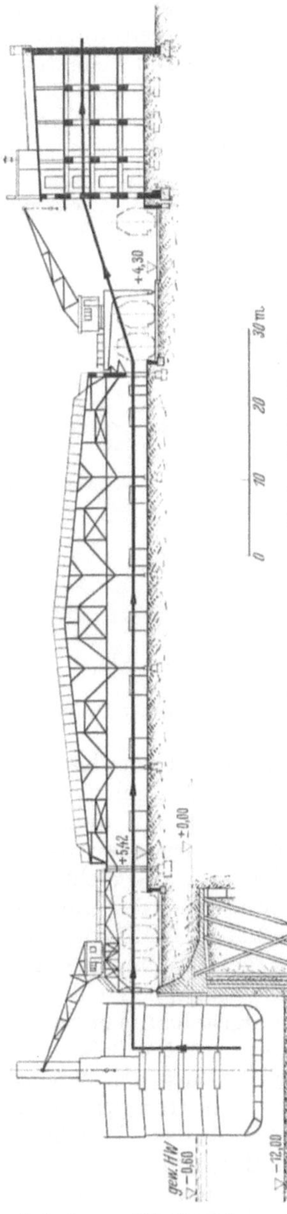

Im Sinne einer bestmöglichen Ausnutzung der Gesamthafenanlage ist das richtige Verhältnis von Speicher- zu Schuppenraum von großer Bedeutung. Jedoch läßt sich dieses Verhältnis weder vorher theoretisch festlegen, noch ist nachträglichen Feststellungen wie etwa, daß in den Bremer Freihäfen[1] auf 1 m² Kaischuppenfläche nicht ganz 1 m² Speicherfläche entfällt, allzu großer Wert beizumessen. Schuppenraum und Speicherraum sind i. a. unabhängig voneinander in Anpassung an mit den Jahren wechselnde Verkehrsansprüche geschaffen worden. Damit eine rationelle Ausnutzung des Gesamthafens sichergestellt wird, ist häufiger zu überprüfen, ob an dem einen oder anderen Raum Mangel herrscht. Dieser ist dann nach Möglichkeit auszugleichen.

Im gleichen Sinne wichtig ist die richtige Lage der Speicher innerhalb des Gesamthafens insbesondere zu den Kaischuppen; daß häufig auch die Speicher mit den Kaischuppen in gemeinsamen Bauwerken (Schuppenspeicher) vereinigt sind, wurde schon oben erwähnt.

Besonders bekannt geworden ist eine bereits vor einer Reihe von Jahren in Bremen ausgedachte Anordnung, die später von zahlreichen anderen Häfen (u. a. Stettin) übernommen worden ist. Das Kennzeichnende dieser Anordnung liegt darin, daß die Speicher, nur durch Gleise und Straße getrennt, unmittelbar hinter den Kaischuppen errichtet sind und mit diesen durch fahrbare Halbtorkrane in unmittelbarer Verbindung stehen. Die Abb. 65[2] zeigt, wie beispielsweise für mit dem Seeschiff ankommendes Gut der Betrieb gedacht ist. Abgesehen da-

Abb. 65. Stückgutspeicher unmittelbar hinter Umschlagschuppen.

[1] Im Hamburger Freihafen ist das Verhältnis etwa 1:1,1.

[2] Jb. Hafenbautechn. Ges. Bd. 9. S 137.

von, daß man den erforderlichen Speicherraum zunächst überschätzt hat, hat sich auch die Annahme, daß die in jedem Kaischuppen anfallenden Lagergüter in dem zugeordneten Speicher Platz finden würden, nicht bestätigt. Die Bedürfnisse des Handels erfordern nämlich, die Speicherräume, die an sich von einer Gesellschaft bewirtschaftet werden, teilweise an Private zu vermieten. Die für die letzteren bestimmten Güter treffen aber an den verschiedensten Kaischuppen ein und müssen dann mit besonderen Verkehrsmitteln den Speichern zugeführt werden. Die Notwendigkeit, die Ware doch zu verfahren, wobei das Auf- und Abladen den größten Aufwand bedeutet, ein Mehr an Fahrweite aber weniger beachtlich ist, hat dazu geführt, daß sich Privatfirmen im Zollinland eigene Speicher errichtet haben. Aus den geschilderten Verhältnissen heraus erklärt es sich, daß z. B. am Überseehafen in Bremen den dort vorhandenen sechs Schuppen nur zwei Speicher zugeordnet sind.

In Stettin, das, wie schon erwähnt, im Freihafen nach Bremer Muster ausgeführte Anlagen besitzt, hat sich nach Fabricius[1] ergeben, daß z. B. im Jahre

Abb. 66. Freihafen Vittorio Emanuele III. in Triest, Umschlagschuppen und Lagerspeicher.

1929 nur 1500 t vom Kaischuppen unmittelbar in den dahinter gelegenen Speicher bzw. umgekehrt gelangt sind. Dagegen wurden 18 000 t, also 93 %, des gesamten Lagerverkehrs auf dem Landwege ein- und ausgelagert. Der erhoffte Vorteil geringer Förderwege zwischen Kaischuppen (d. h. Löschstelle des Seeschiffs) und Speicher wird also nicht erreicht. In Stettin wird ferner auch beim Einspeichern vom Wasser her der Umweg über den Schuppen als nachteilig empfunden.

In Triest sind in dem ältesten Freihafen (Vittorio Emanuele III.) die Speicher hinter den am Ufer bzw. auf senkrecht dazu verlaufenden Kaizungen errichteten Umschlagschuppen in drei Reihen angeordnet (vgl. Lageplan Abb. 23 und Abb. 66). Eine unmittelbare Verbindung der Speicher und Schuppen durch Hebezeuge wie in den vorgenannten Beispielen fehlt hier. Bemerkt sei, daß man in dem neuen Freihafenteil (Duca d'Aosta) zum System der Schuppenspeicher übergegangen ist.

Auch in Gotenhafen[2] sind bei den Stückgutkais hinter den Umschlagschuppen einzelne Speicher errichtet.

In Häfen mit Landzungen, die beiderseitig mit Umschlagschuppen bestückt sind, kann man die Speicher in die Mitte der Kaizungen legen, wie es eine neuere Anlage in Buenos Aires (Abb. 67[3]) zeigt; hier besteht auch wieder unmittelbare Verbindung zwischen Schuppen und Speichern. Es ist bekannt, daß verschiedene

---

[1] Jb. hafenbautechn. Ges., Bd. 12, S. 21; Hafenspeicher.
[2] Bautechn. 1938, S. 625.
[3] Wundram: S. 87, Abb. 72.

Entwurfsbearbeiter auch für den Freihafen in Barcelona diese Anordnung vorgeschlagen haben.

Schließlich seien in diesem Zusammenhang nochmals die Hafenanlagen von Stockton erwähnt, wo ebenfalls die Lagerhäuser in der Mitte der Kaizungen ihren Platz gefunden haben. Bemerkenswert ist, daß die Speicher dort nur eingeschossig ausgeführt sind. Die Quelle gibt dazu an, daß man sich des Mehrbedarfs

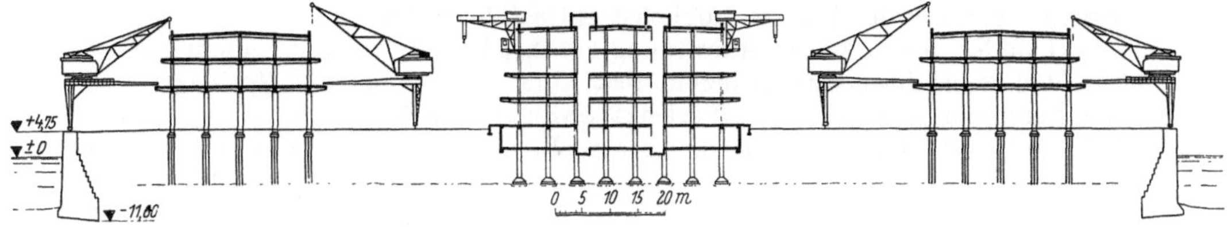

Abb. 67. Schuppen und Speicher in Buenos Aires.

an Grundfläche durchaus bewußt sei. Bis aber ein Hafen eine Entwicklung erreicht habe, daß eine Überfüllung einträte und die Bodenpreise übermäßig anziehen, sei es wünschenswert, den Verkehr zu ebener Erde abzuwickeln, um die Höhenförderung zu ersparen. Falls der Verkehr es erfordert, will man weitere Geschosse aufsetzen.

Bei den bisher angeführten Beispielen waren die Speicher an Eisenbahn und Straße angeschlossen. In Häfen mit starkem Flußschiffverkehr (vgl. Abschn. II A_2) müssen die Binnen- und Hafenfahrzeuge in unmittelbare Verbindung mit den Speichern gebracht werden, wobei dann i. a. ein Eisenbahnanschluß entbehrt werden kann.

Eine derartige Notwendigkeit besteht u. a. in Rotterdam[1]. Die Abb. 68 zeigt einen Umschlagschuppen am Lekhaven, hinter dem ein Speicher angeordnet ist, der mit seiner Rückseite an einem Flußschiffbecken (Keilehaven) liegt.

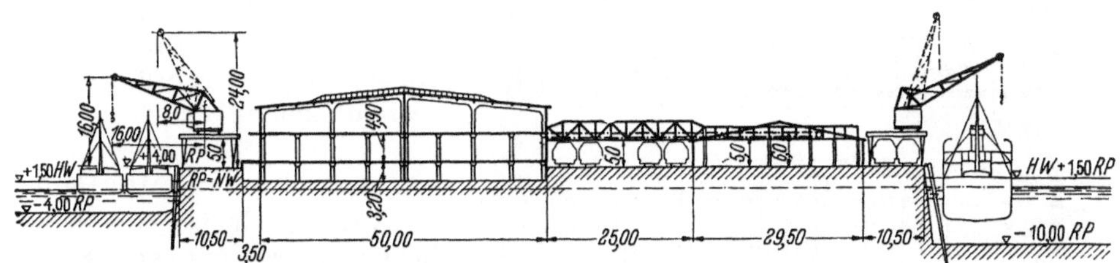

Abb. 68. Speicher mit Wasseranschluß in Rotterdam.

Auch im Hamburger Hafen ist der Wasseranschluß[2] der Speicher eine absolute Notwendigkeit. Die Besonderheit in Hamburg liegt jedoch darin, daß von einer örtlichen Verbindung der Speicher mit den Schuppen ganz abgesehen ist. Es sind vielmehr die Freihafenspeicher an zwei Stellen des Hafens zu ausgedehnten Baugruppen vereinigt, und zwar eine Gruppe auf jedem Ufer der Elbe; die linkselbische Gruppe mit acht einfacheren Speichern, die auch vornehmlich Massengütern dienen sollen, erstreckt sich an den benachbarten Ufern zweier Flußschiffhäfen.

---

[1] Jb. hafenbautechn. Ges., Bd. 12, S. 32.

[2] Reine Speicher an seeschifftiefen Kais sind zu teuer. Steht die regelmäßige unmittelbare Einlagerung großer Partien aus dem Seeschiff fest, wird man einen Schuppenspeicher (vgl. S. 69) bauen. Hamburg besitzt aus älterer Zeit im sog. Kaispeicher A einen reinen Speicher an seeschifftiefem Wasser; eine Wiederholung wird aber nicht stattfinden. Auch Amsterdam z. B. besitzt Lagerhäuser an tiefem Wasser; auf Anfrage wurde jedoch bestätigt, daß auch hier nur ausnahmsweise größere Seeschiffsladungen in den gleichen Speicher gehen.

Die für das Hamburger Lagergeschäft ausschlaggebende Gruppe liegt rechtselbisch in unmittelbarer Nähe der Geschäftsstadt und bildet mit 17 Speicherblöcken eine Speicherstadt von fast 1,5 km Länge und etwa 100 m Tiefe. Die in zwei bzw. drei Reihen angeordneten Speicher sind auf der einen Seite an flußschifftiefe Kanäle, auf der anderen Seite an Straßen angeschlossen. Schute und Lastwagen stellen also die Verbindung mit den Seeschiffkais her; einige Speicher besitzen auch Eisenbahnanschluß, doch soll i. a. die Hafenbahn von der Güterbewegung innerhalb des Hafens möglichst entlastet werden.

Die Gründe[1], die zu dieser Anordnung geführt haben, liegen zu einem großen Teil in den gemachten Erfahrungen, daß eine Zuordnung von Speichern auf gewisse Schuppen nur bedingten Wert hat, daß man für Speichergut ohne größere Verkehrswege innerhalb des Hafens doch nicht auskommt, und daß endlich ein gewisses Mehr an Wegen für Lagergut weniger ins Gewicht fällt, zumal wenn es sich um auf dem Wasser mit der billigen Schute zurückzulegende Wege handelt.

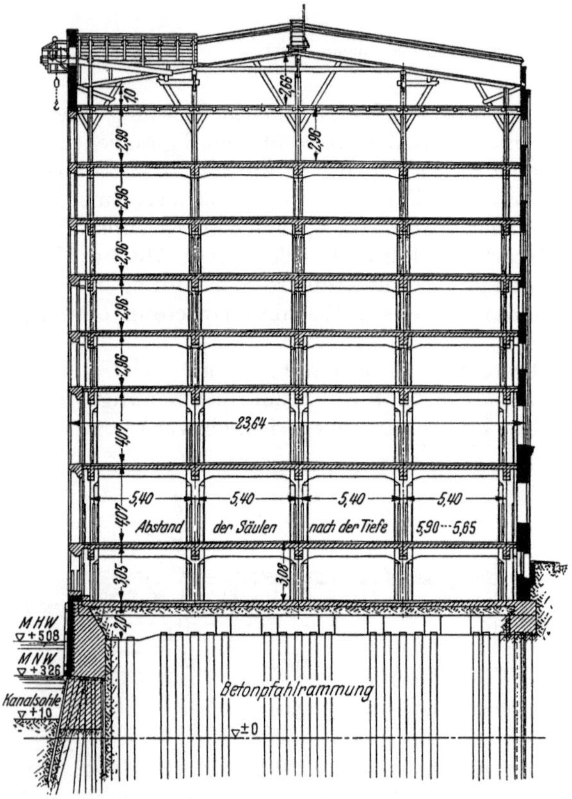

Die Vorteile der Anordnung werden gesehen in der für die Betriebsgestaltung zweifellos günstigen örtlichen Zusammenfassung, verbunden mit Stadtnähe, in dem guten Land- und Wasseranschluß (letzterer billig), in der Entlastung der Kaischuppen (Lagerware kann unmittelbar in die Schute übernommen werden) und schließlich in der denkbar besten Möglichkeit der Ausnutzung der Kaiflächen an seeschifftiefem Wasser.

Abb. 69. Eisenbetonspeicher in Hamburg. (Querschnitt).

b) Bauliche Einzelheiten.

Auf Einzelheiten der baulichen Anordnung von Speichern kann, ebenso wie es bei den Kaischuppen der Fall war, nur in großen Zügen eingegangen werden, da neben den hier in erster Linie interessierenden hafenbetrieblichen Notwendigkeiten hochbau- und sicherheitstechnische Gesichtspunkte sowie schließlich Fragen der Hebezeugtechnik zu berücksichtigen sind, deren Behandlung im Rahmen des gesteckten Zieles nicht möglich ist[2].

Daß Speicher über dem Erdgeschoß noch mehrere Geschosse (nach Schulze,

[1] Einschränkend sei bemerkt, daß das Hamburger System nur in Häfen mit weiträumigen Anlagen und großer Güterbewegung anwendbar ist.

[2] Interessierte Leser seien auf folgende Quellen verwiesen: Schulze: Seehafenbau, Bd. II. Abb. 69 u. 70, daselbst entnommen. — Jb. hafenbautechn. Ges., Bd. 9, S. 140ff., Bremer Speicher — Hamburg und seine Bauten, hersg. vom Arch.- u. Ing.-Verein Hbg., Kapitel über den Hafen und Abschnitt über Speicher. — Dtsch. Bauwes. 1928, S. 26ff. Moderne Speicherbauten und Lagerhäuser, ihre Sicherung gegen Brand und Wasserschaden.

Seehafenbau, bis zu zwölf Geschossen, Frage der Gründungskosten) erhalten, war schon erwähnt; von Nutzen ist ein Kellergeschoß für in Fässer befindliche, kühl aufzubewahrende Waren.

Da die Speicher das Licht von der Seite her erhalten müssen, ist dadurch ihre Entwicklung in die **Breite** beschränkt; weiterhin bedingt die bestmögliche Ausnutzung der Grundfläche besonders da, wo Speicher ihren Platz auf Kaizungen erhalten, geringe Breiten. Die üblichen Maße bewegen sich zwischen 20 m und 30 m.

Die **Länge** der Speicher ist dem vorhandenen Raumbedürfnis anzupassen. Man ist hier verhältnismäßig frei, da man die nötige Feuersicherheit durch zwecks völliger Trennung über das Dach hinaus zu führende Brandmauern erreichen kann, wobei man die Raumeinheiten auf etwa 400 m² beschränkt; bei Festlegung dieser Fläche hat auch die Vermietbarkeit mitgesprochen.

Zweckmäßige **Geschoßhöhen** ergeben sich aus Abb. 69, welche die grundsätzliche Anordnung eines neuen mit Ausnahme des obersten und des Dachgeschosses in Eisenbeton erstellten Speichers in Hamburg zeigt. Ein gleichartiges Bauwerk mag zugleich als Beispiel für eine auf erhöhte Feuersicherheit abgestellte Grundrißausbildung herangezogen werden, die selbstverständlich auch in anderer Weise gelöst werden kann[1].

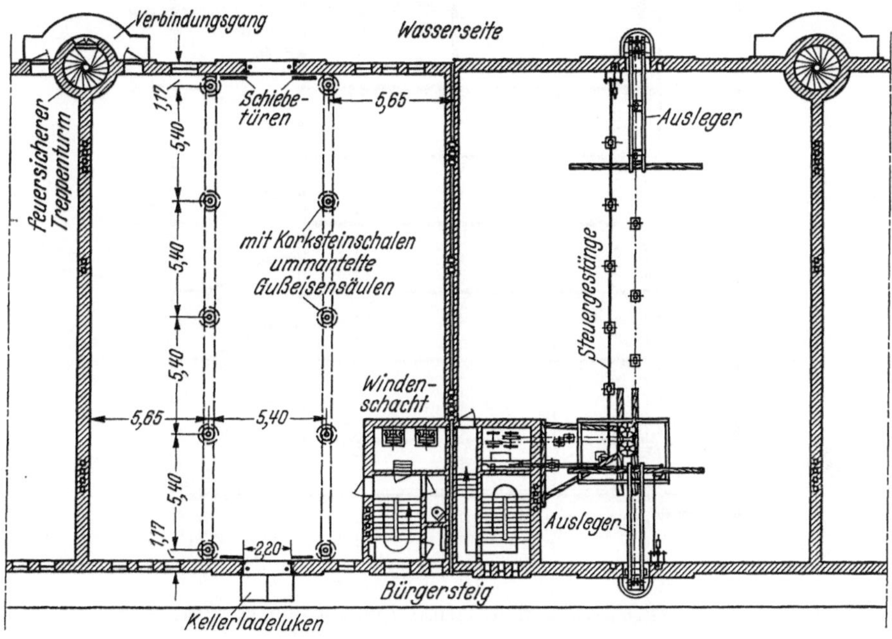

Abb. 70. Grundrißanordnung eines Hamburger Speichers.

Die Abb. 70 läßt die Brandmauern erkennen, die ohne Unterbrechung hochgeführt sind. Jede Abteilung hat ein eigenes von der Straße aus zugängliches Treppenhaus; innerhalb dieser Treppenhäuser sind zugleich Windschächte angeordnet. Bemerkenswert sind die aus allgemeinen Sicherheitsgründen und für eine evtl. Brandbekämpfung notwendigen wasserseitigen Aufgänge. Vor jeder zweiten Brandmauer ist ein Turm mit einer bis in den Keller führenden Wendeltreppe eingebaut. Die trennenden Mauern werden auf Balkonen umgangen, von denen aus Türen nach den beiden benachbarten Böden und dem Turm selbst

[1] Anm. In Bremen haben je zwei Abteilungen ein gemeinsames Treppenhaus, es hat aber jeder Raum einen Windfang, d. h. zwei Türen hintereinander.

führen. Im Keller mündet die Wendeltreppe in einen gegen Einsturz- und Feuersgefahr gesicherten Schutzgang, der die Verbindung mit der Straße herstellt. Die Grundrisse zeigen ferner die Anordnung und Abstände der Säulen, wobei beachtlich ist, daß die Außenwände nicht belastet werden.

Sehr praktisch wegen der damit zu erzielenden Übersichtlichkeit ist die Verwendung von Pilzdecken an Stelle der Balken und Unterzüge, wie es der Querschnitt eines in Triest im neuen Freihafen Duca d'Aosta ausgeführten Speichers zeigt[1]. Dieser Speicher bedeckt 4400 m² Grundfläche und weist 27 000 m² Nutzfläche auf.

Die beiden erwähnten Beispiele von Speicherbauten zeigen als Baustoff den Eisenbeton, dessen Verwendung zweifellos sowohl vom wirtschaftlichen als auch vom sicherheitstechnischen Standpunkt — der letztere muß für die Wahl der

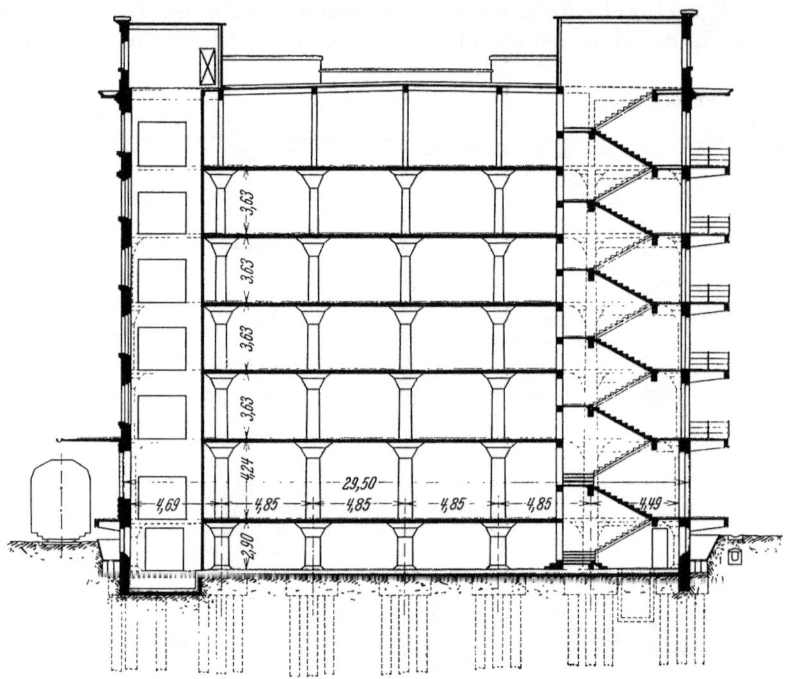

Abb. 71. Lagerspeicher 70 im Freihafen Duca d'Aosta in Triest.

Bauweise ausschlaggebend sein — als besonders zweckmäßig anzusehen ist. Es braucht darüber nicht vergessen zu werden, daß, bevor der Eisenbeton überhaupt genügend entwickelt war, mit den älteren Baustoffen Bauwerke erstellt worden sind, die auch heute noch als feuerbeständig anzusehen sind; besonders gedacht sei der altbewährten glatt gehobelten Eichenholzstützen sowie der glutsicher ummantelten Eisenkonstruktionen.

Von Brandsicherungsmaßnahmen für Speicher sind die wichtigsten baulicher Art, wie Verwendung feuerfester Baustoffe, zweckmäßige horizontale und vertikale Untertrennung des ganzen Bauwerks (Brandmauern) sowie geschickte Anordnung der Zugänge schon erwähnt worden; nachzutragen ist noch, daß sämtliche Türen feuersicher und weitgehend selbstschließend anzuordnen sind.

Über zusätzliche feuerwehrtechnische Maßnahmen ist folgendes kurz zu sagen[2]: Neben genügender Ausstattung der Räume mit Handfeuerlöschgerät zum Ablöschen eines im Entstehen begriffenen Feuers ist das Vorhandensein eines festen

[1] Werft Reed. Hafen 1932, S. 276, Abb. 13.
[2] Vgl. Wundram: S. 26ff.

Wasserleitungssystems unumgänglich notwendig, das der Feuerwehr einen Großangriff ermöglicht. Weitere Sicherung bieten selbsttätige mit einer ständig besetzten Aufsichtsstelle verbundene Feuermelder, und darüber hinaus besteht noch die Möglichkeit des Einsatzes der als Sprinklersystem bekannten automatischen Feuerlöscheinrichtung. Diese besteht aus einem an den Speicherdecken angebrachten System von Röhren, an denen sich Brausen befinden. Diese Brausen sind durch Ventile verschlossen, die sich bei einer Übertemperatur von 60—70° C infolge Schmelz- oder Ausdehnungswirkung eines Verschlußstückes öffnen, wodurch ein kräftiger Wasserregen — das Rohrnetz steht i. a. unter 5—10 atü Druck — ausgelöst wird; zumeist wird beim Öffnen der Brausen ein Signal an die Feuerwehr ausgelöst. Im Bremer Freihafen hat man besondere Vorkehrungen getroffen, die das Überspringen eines in den Schuppen ausgebrochenen Brandes auf die benachbarten Speicher verhindern sollen. An der Vorderseite der Speicher sind unterhalb der Dachgesimse waagerechte Rohre mit Brausenöffnungen entlang geführt, in die im Falle der Gefahr Druckwasser geleitet wird. Die Vorderfläche der Speicher wird dann durch einen Wasserschleier gegen die strahlende Hitze des Feuers geschützt.

Gleisanlagen in Verbindung mit Speichern werden auf Seite 79 besprochen.

c) Kühlspeicher.

In zahlreichen Häfen fallen Fleisch, Geflügel, Käse, Butter, Eier, Heringe und noch andere Lebensmittel in größerem Umfange als Stückgüter an, die bei längerer Lagerung in den allgemeinen Speichern verderben würden und daher in Speichern mit Kühleinrichtungen (Kühlhäusern) untergebracht werden müssen.

Ein kennzeichnendes Beispiel dieser Art im Hamburger Hafen ist ein Heringskühlhaus, das in unmittelbarer Verbindung mit einem Kaischuppen steht (Abb. 72). Der Erdgeschoßgrundriß und der Querschnitt lassen die Gliederung in das eigentliche Kühlhaus (33 500 m² umbauter Raum) und einen Anbau für Maschinenanlagen, Büroräume und Wohnungen erkennen[1]. Konstruktiv gesehen, ist das Bauwerk auf Eisenbetonpfählen gegründet und mit Ausnahme des Anbaus gegen Grundwasser isoliert. Der Aufbau ist in Pilzdeckenbauweise durchgeführt, wodurch sich die Aufhängung der Kühlrohre einfach gestaltete. Die in Klinkermauerwerk ausgeführten Umfassungswände sind wie auch bei anderen Speichern unabhängig von der Tragekonstruktion gehalten und an der Innenseite mit wasserdichtem Putz versehen. In den Zwischenräumen zwischen Außenmauer und Eisenbetonkonstruktion ist die aus 14 cm starken Expansitkorkplatten bestehende Isolierung angebracht.

Keller, Teile des Erdgeschosses und Dachgeschoß reichen zur Lagerung von rd. 4000 t Gütern aus; in den Obergeschossen befinden sich Kühlräume zur Aufnahme von rd. 9000 t Heringen. Die in Fässern verpackten Heringe gelangen vom Kaischuppen in das Erdgeschoß und werden von da mit Hilfe von fünf Lastenaufzügen von je 1,5 kg Tragfähigkeit hochbefördert. Außer den Lastenaufzügen stellen ein Personenaufzug sowie zwei aus Sicherheitsgründen an entgegengesetzten Seiten angeordnete Treppenanlagen die Verbindung zwischen den Geschossen her. Das Kühlhaus hat unmittelbaren Eisenbahnanschluß und liegt mit zwei Fronten an Ladestraßen; für den Umschlag stehen 100 m lange und 3 m breite überdachte Rampen zur Verfügung. Die Kühlanlage arbeitet nach dem Kompressionssystem[2]; als Kälteträger dient Ammoniak.

Von der großen Zahl ähnlicher Bauwerke wird noch das Hafenkühlhaus in Gotenhafen, das der Lagerung von Lebensmitteln aller Art dient, im Bilde (Abb. 73[3])

[1] Dtsch. Bauwes. 1929, S. 208ff., Abbildung daselbst entnommen.
[2] Einzelheiten der technischen und Sicherheitseinrichtungen vgl. die angegebene Quelle.
[3] Bautechn. 1938, S. 626, Abb. 15.

vorgeführt. Das Bauwerk enthält sechs Geschosse. Die Kühlwagen fahren in das Untergeschoß hinein und werden hier in einem vorgekühlten Raum entladen. Der Kühlspeicher hat rd. 16 000 m² Nutzfläche. Beachtlich ist, daß die

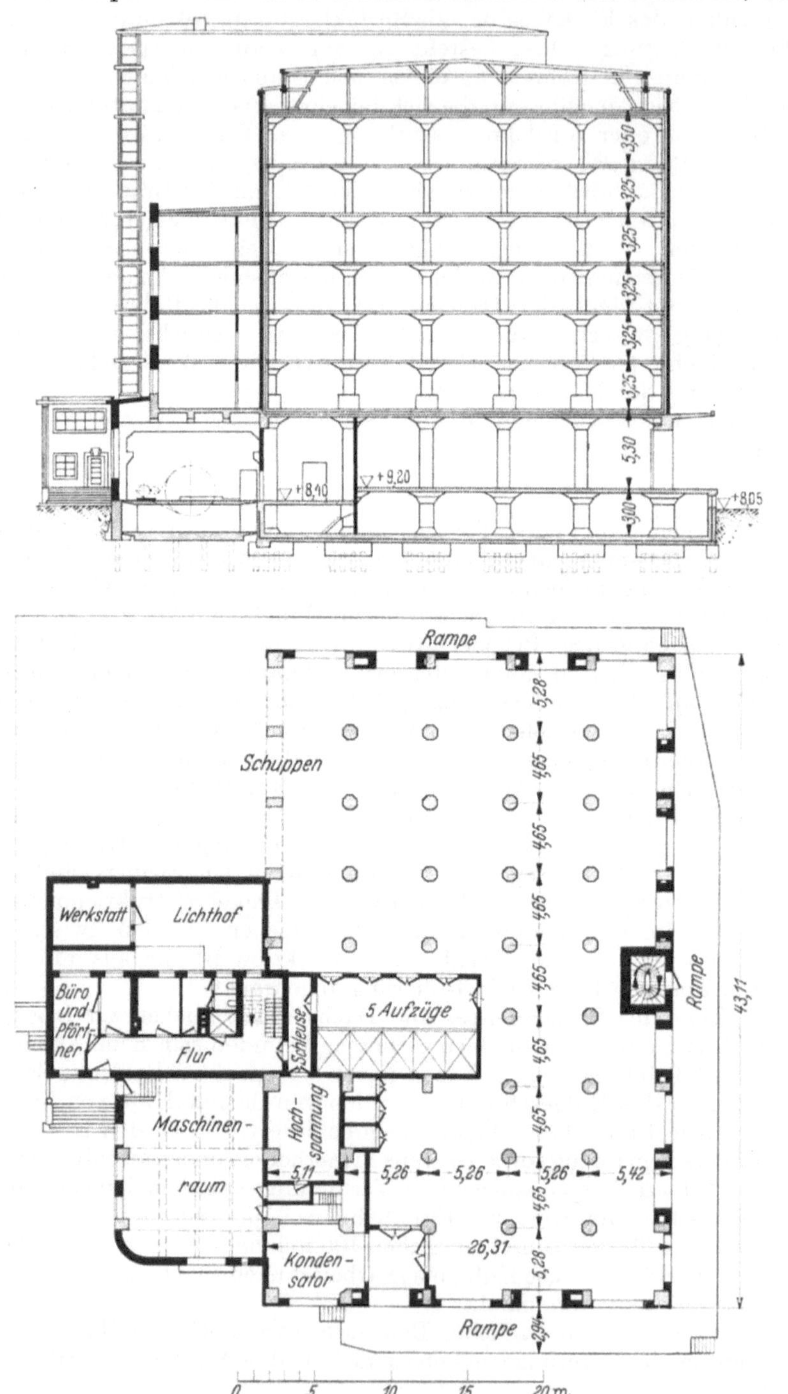

Abb. 72. Kühlhaus für Heringe.
Oben: Querschnitt durch den Hauptbau und Anbau mit Maschinenhalle — unten: Erdgeschoßgrundriß.

Räume nach Bedarf, z. B. für Obst, im Winter vermittels elektrischer Ventilatoren erwärmt werden können. Die zu diesem Kühlhaus gehörige Rampe wurde bereits an anderer Stelle (S. **36**) beschrieben.

Abb. 73. Hafenkühlhaus in einem Ostseehafen.

4. Schuppenspeicher.

Nachdem vorausgehend die Umschlagschuppen und die Speicher als Einzelbauwerke sowie ihre betrieblichen Verhältnisse zueinander behandelt worden sind, ist noch auf die sog. Schuppenspeicher einzugehen, in denen Räume für kurz- und langfristige Lagerung vereinigt sind.

Folgende Gründe, und zwar jeder für sich gesehen, können bei sorgsamer Abwägung der sonstigen örtlichen Gegebenheiten die Verwendung von Schuppenspeichern als zweckmäßig erscheinen lassen: Es kann, was besonders für kleinere Häfen von Bedeutung ist, die teure Seeschiffkaimauer für Schuppen und Speicher zugleich nutzbar gemacht werden; eine eigene Kaimauer für den Speicher wird gespart. Es kann ferner an Hafenfläche und an Transportwegen innerhalb des Hafens gespart werden, was bei Platzmangel wichtig ist. Seeschiffe können unmittelbar an das Bauwerk heran, und die Teile ihrer Ladung, deren Einlagerung von vornherein feststeht, können ohne Zwischenbehandlung in den endgültig bestimmten Raum gelangen. Es ist weiterhin unter gewissen Umständen möglich, die Hebezeuge wechselseitig dem Umschlag- und dem Lagereibetrieb nutzbar zu machen, also eine rationellere Ausnutzung zu erreichen. Schließlich können auch rein bautechnische Gründe maßgebend sein; beispielsweise kann schlechter Baugrund für einen eingeschossigen Schuppen eine so schwere Gründung erfordern, daß beim Aufsetzen von Stockwerken nur noch vergleichsweise mäßige Kosten hinzukommen.

Nicht zu vermeidende Nachteile der Schuppenspeicher sind die verminderte Helligkeit in den dem Umschlag dienenden unteren Geschossen (häufig muß auf künstliche Beleuchtung zurückgegriffen werden) und die ebenfalls nicht zu vermeidende engere Säulenstellung; durch letztere wird die Übersichtlichkeit weiterhin vermindert und außerdem die Verwendung von Elektrokarren außerordentlich erschwert.

Die betriebliche Ausnutzung von Schuppenspeichern wird verschieden gehandhabt. Bei einfachen Verhältnissen wird man je nach augenblicklichem Bedürfnis u. U. jeden Raum dem Umschlag- oder Lagergut zur Verfügung stellen. Beim Vorliegen stärkeren Verkehrs wird man das Umschlaggut in Erd-, gegebenenfalls noch im ersten Obergeschoß, das Lagergut in den übrigen Stockwerken behandeln.

Nachstehend werden einige neuere Ausführungen von Schuppenspeichern kurz beschrieben, wobei in einzelnen Fällen auf die Vorteile, die man an dem jeweiligen Platz sieht, besonders hingewiesen wird.

Als Schuppenspeicher sind zwei- und dreigeschossige Lagerhäuser im Freihafen von Kopenhagen[1] anzusprechen, da sämtliche Geschosse der längeren Lagerung von Gütern dienen. In der Tat liegen dort die Verkehrsverhältnisse so, daß sich

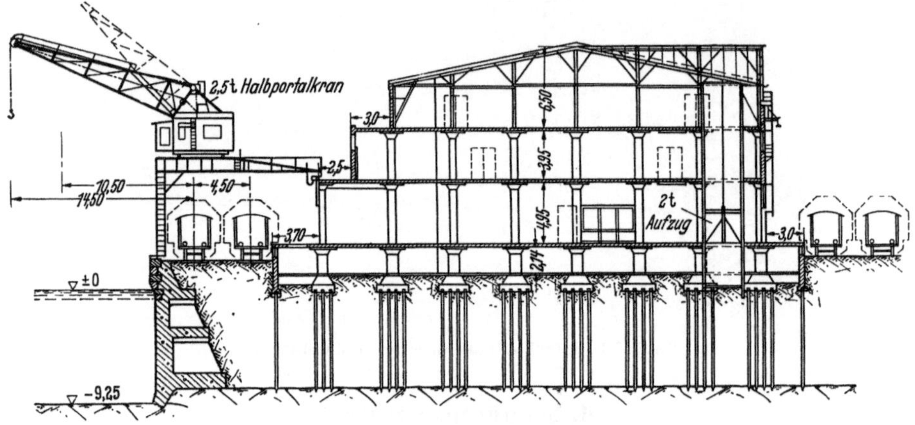

Abb. 74. Schuppenspeicher in Malmö.

der Weitertransport der einkommenden Güter meist nicht unmittelbar anschließt. Damit erklärt sich, daß die Kopenhagener Hafenverwaltung beispielsweise den dreigeschossigen Schuppenspeicher am Ostkai des südlichen Freihafens als ideal bezeichnet.

Die Abb. 74 zeigt einen typischen Schuppenspeicher im Freihafen von Malmö. Dieses Bauwerk ist 34,8 m breit und 120 m lang; es bietet mit Keller und drei Geschossen 16 000 m² Lagerfläche. An der Wasserseite des Gebäudes, erreichbar für die dort vorhandenen Halbportalkräne (Tragfähigkeit je 2,5 t) befinden sich breite Plattformen zum Absetzen der Güter. An der Landseite befinden sich sechs in feuerfesten Schächten eingebaute Güteraufzüge von je 2 t Tragfähigkeit. Der Fußboden des Untergeschosses liegt auf gleicher Höhe wie die Plattform der Eisenbahn. Die Decken sind als Pilzdecken ausgebildet. Die höchstzulässige Belastung des Untergeschoßfußbodens beträgt 2250 kg/m², der beiden übrigen Geschosse 1800 kg/m². Der Speicher besitzt land- und wasserseitigen Gleisanschluß; an der Landseite ist außerdem noch eine Straße für Fuhrwerke vorhanden.

An Vorbilder in Manchester[2] und Kopenhagen anknüpfend, sind im Stockholmer Freihafen vier Schuppenspeicher mit insgesamt 56 600 m² Bodenfläche[3] geschaffen worden. Der Betrieb ist darauf abgestellt, daß in Stockholm die Überseedampfer i. a. nur Teilladungen abgeben und aufnehmen. Die ankommenden Güter werden in den kaiseitigen Teilen des Erd- und ersten Obergeschosses sortiert

[1] Werft Reed. Hafen 1928, S. 134ff. — 1931, 2. Abt. Seeschiffahrt, 1. Mitteilung, Bericht von H. Fugl. Meyer: — XV. Int. Schiff.-Kongr. Venedig.

[2] Über Verkehrsverhältnisse und Anlagen des Hafens von Manchester vgl. Schulze: Seehafenbau, Bd. I, S. 104ff. — Werft Reed. Hafen 1929. — Jb. hafenbautechn. Ges., Bd. 12, S. 30.

[3] Jb. hafenbautechn. Ges., Bd. 17, S. 291ff. — Bauing. 1935, S. 96ff.

und von da mit Hilfe von Aufzügen den oberen Geschossen zugeführt. Für die Abwärtsbeförderung stehen außer den Aufzügen noch spiralenförmige Rutschen für gesackte Güter zur Verfügung, die zur Ausladeplattform an der Rückseite der Speicher führen. Ausfuhrgüter, die in Stockholm nur in kleinen Mengen anfallen, werden entweder unmittelbar aus der Eisenbahn ins Seeschiff geladen, oder sie werden zunächst auf Freiladeplätzen, die zwischen den wasserseitigen Gleisen und den Speichern angeordnet sind, gesammelt. Das Löschen in das Bauwerk erfolgt also Hand in Hand mit dem Laden von drei wasserseitigen Gleisen und den Freiladeplätzen her.

Einen in seiner Art einmaligen Bau stellt schließlich der im Stettiner Freibezirk errichtete Schuppenspeicher dar[1]. Die Gründe, die zur Wahl dieses Bauwerks geführt haben, liegen in der Art des zur Verfügung stehenden Geländes, das auf einer verhältnismäßig kurzen Kaistrecke von 330 m Länge nur ein 210 m langes Bauwerk zuließ, und das außerdem eine so geringe Tiefe hatte, daß für einen hinter einem Schuppen anzuordnenden Speicher kein Raum vorhanden war. Außerdem hätte bei dem schlechten Baugrund in Stettin auch ein eingeschossiger Kaischuppen teuer gegründet werden müssen, diese Kosten nehmen aber mit der Errichtung mehrgeschossiger Bauwerke je Quadratmeter ab. Nach Fabricius[2] ermäßigten sich die anteiligen Kosten, mit denen die Gründung das Quadratmeter belastet, für den hier betriebenen Speicher um 45%.

Bei einer Aufnahmefähigkeit von 65000 t bedeckt das in Eisenbeton ausgeführte Gebäude nur die verhältnismäßig geringe Grundfläche von 210 × 40 m. Keller- und die vier Obergeschosse sollen i. a. der Lagerei, das Erdgeschoß dem Umschlag dienen. Erd- und erstes Obergeschoß sind frei von Trennungswänden, so daß gegebenenfalls auch das letztere zum Umschlag mit herangezogen werden kann. Damit Umschlag- und Lagerverkehr ohne gegenseitige Störungen vor sich gehen, stehen für jeden Verkehr besondere Hebezeuge zur Verfügung, und zwar für den Umschlag acht auf der Kaimauer laufende Wippkräne, die bis zum obersten Geschoß reichen. Für den Lagereibetrieb sind auf dem Dach drei fahrbare, wasser- und landseitig ausladende Verladebrücken mit Drehlaufkränen angeordnet. Dem Verkehr zwischen Lager und Umschlaggeschossen dienen Aufzüge sowie die Dachbrücken. Die reinliche Scheidung von Umschlag

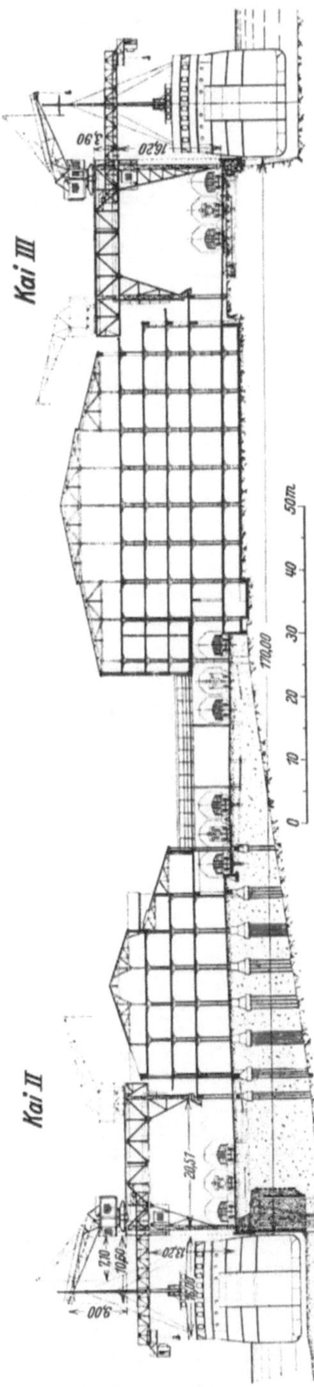

Abb. 75. Schuppenspeicher in Stockholm.

[1] Jb. hafenbautechn. Ges., Bd. 11, S. 67ff. sowie Bd. 12, S. 23ff.
[2] Jb. hafenbautechn. Ges., Bd. 12.

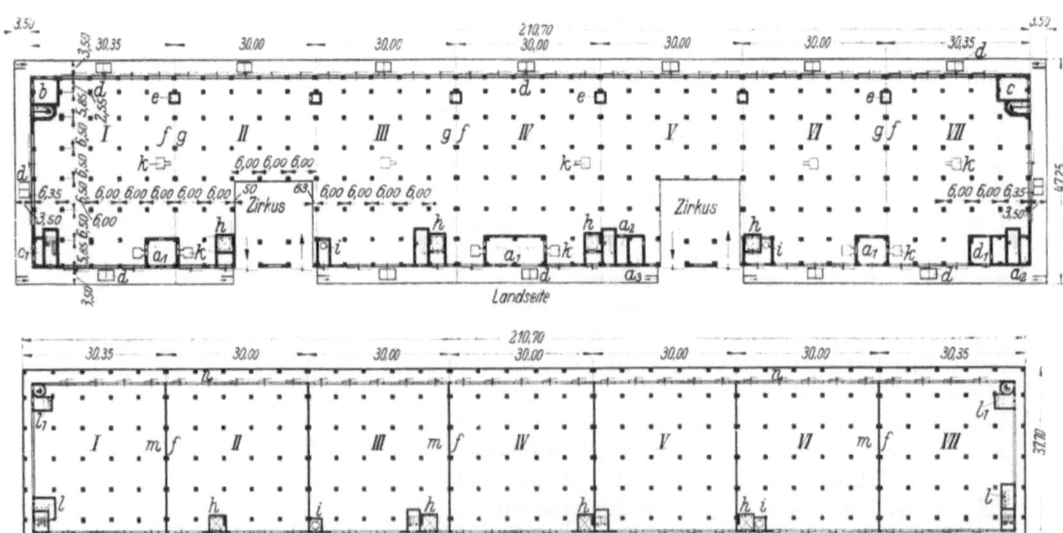

Abb. 76. Schuppenspeicher in einem deutschen Ostseehafen.

und Lagerei ist soweit durchgeführt, daß landseitig zwecks Vermeidung von Störungen eine lediglich dem Speicherbetrieb vorbehaltene freistehende Rampe zur Verfügung steht.

Was nun die mit dem Bauwerk gemachten Erfahrungen anlangt, so hat sich gezeigt, daß die Vereinigung von Umschlag- und Lagerspeicher in der hier gefundenen Lösung an sich keine Nachteile bietet. Bei starkem Verkehr ist jedoch die örtlich bedingte kurze Kaistrecke im Verhältnis zu der großen Aufnahmefähigkeit des Schuppens ein Nachteil. Dieses besonders dann, wenn im Vergleich zum Lagerverkehr ein lebhafter Umschlagverkehr herrscht, wenn also Erd- und Obergeschoß für die kurzfristige Lagerung in Anspruch genommen werden. Das Beladen und Löschen eines Schiffes ist vielfach nicht durchführbar, obwohl genügend Schuppenraum zur Aufnahme der Güter zur Verfügung steht, da die Kaistrecke durch andere Schiffe besetzt ist.

Dahingegen sind die alle 6 m angeordneten Tragestützen nicht als eine ausschlaggebende Behinderung des Verkehrs angesehen worden, wenn auch die Verwendung von Elektrokarren Schwierigkeiten verursacht. Die Höhe des Erdgeschosses reicht mit 5 m aus, um die Güter zwecks Ausnutzung der Tragfähigkeit stapeln zu können. In den übrigen Stockwerken ist eine Stapelung schon nicht mehr in ausreichendem Maße möglich. Schließlich hat sich die Verdunkelung in den unteren Geschossen als unwesentlich erwiesen.

D. Gleisausrüstung von Stückgutumschlaganlagen.

Wie schon an anderer Stelle zum Ausdruck gebracht, bedarf ein Hafen einer auf ein Höchstmaß von Leistungsfähigkeit gebrachten Eisenbahnausrüstung. Nur wenn die Gleisanlagen dem Schrittmaß des gesamten Arbeitsvorganges am Kai entsprechen, können Liegezeit der Schiffe und Aufenthalt der Güter auf den Kais bzw. in den Schuppen auf das von einer vollwirtschaftlichen Verkehrsanlage zu erwartende Mindestmaß gebracht werden.

1. Die Aufgaben eines Hafenbahnsystems[1].

Das Kaigleis und die Inlandstrecke, besser die ladegerecht gestellte Wagengruppe am Kai und der fertige Zug im Übergangsbahnhof lenken unsere Aufmerksamkeit auf die beiden großen Auftraggeber einer Hafenbahn[2]. Der eine

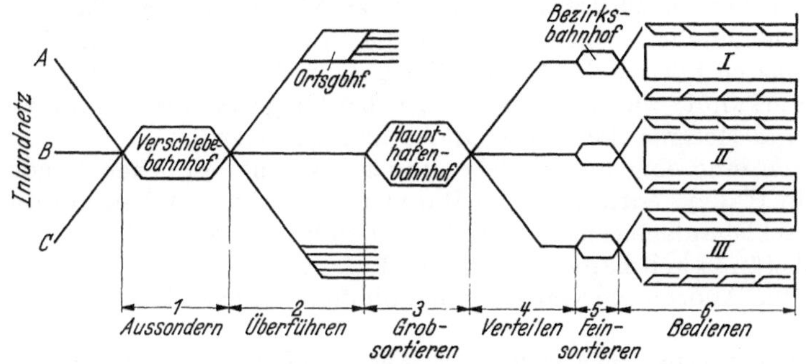

Abb. 77. Grundsätzliche Anordnung eines Hafenbahnsystems.

ist der Schiffsverkehr, der in ständig wechselnder Weise die Bedienung einer Vielzahl von Ladestellen erfordert, der andere ist der sich auf wenige Strecken

[1] Aufgaben und Ausgestaltung eines Hafenbahnsystems werden nur soweit umrissen, wie es zum Verständnis der Betriebsvorgänge auf den Stückgutkais erforderlich ist; rangiertechnische Fragen können nur angedeutet werden.

[2] Unter Benutzung von Förster: Beiträge zur betrieblichen Beurteilung der Rangierarbeit auf Hafenbahngleisen, Würzburg-Aumühle: Verlag Triltsch 1936 (Abb. 77 daselbst entnommen) und Fabricius: Bebauungspläne für Seehäfen, Jb. hafenbautechn. Ges., Bd. 5/6.

beschränkende Inlandverkehr, der möglichst mit geregeltem Fahrplan zu arbeiten wünscht. Überführung und Verteilung und umgekehrt Sammlung und Rückführung der Hafenwaggons sind die betriebstechnischen Aufgaben eines Hafenbahnsystems. Für die dabei anfallenden Einzelleistungen, die sich aus der Abb. 77 ergeben, sind im allgemeinen folgende Gleisgruppen erforderlich:

a) eine Gleisgruppe im Übergangsbahnhof der Inlandsbahn, in der die für den Hafen bestimmten Wagen ausgesondert werden; diese Gruppe ist meist Bestandteil eines auch noch anderen Zwecken dienenden Verschiebebahnhofs;

b) eine als Haupthafenbahnhof zu bezeichnende und als Zentralanlage anzusehende Gruppe, in der die grundlegende Sortierung nach Hafengebieten (Bezirksbahnhöfen) vorgenommen wird (Grobsortieren);

Dieser Haupthafenbahnhof muß so bemessen sein, daß er Verkehrsspitzen zu bewältigen vermag. Er muß, da Veränderlichkeit an Art und Umfang für den Hafenverkehr kennzeichnend sind, häufig die Rolle eines großen Güterschuppens übernehmen, um Wechselfälle, die sich aus Wetter, Nebel, Streik, unerwarteter Zu- oder Abwanderung von Verkehr und noch anderen Gründen ergeben, auszugleichen;

c) kleinere Gleisgruppen sog. Bezirksbahnhöfe in den verschiedenen Hafengebieten (d. h. in der Nähe der zu bedienenden Kaistrecken), wo die vom Hauptbahnhof kommenden Bezirks- oder Kaizüge aufgestellt und in kleinere für die Zustellung an der Ladestelle geeignete Wagengruppen zerlegt werden (Feinsortieren)[1];

d) Aufstellgleise in der Nähe der Zufahrt zu jeder Kaistrecke oder hinter dem Kai zur Sonderung der Wagen nach den zu bedienenden Schiffen. Diese Gleise können sehr zur Beschleunigung des Löschens und Ladens beitragen. Es ist häufig kein Platz für sie vorhanden (vgl. auch die Anmerkung unter c)[2].

2. Hafenbahnanlagen im Rahmen des Gesamtplanes.

Die Hafenbahnanlagen sind mit den Hafenbecken im einzelnen derart in Einklang zu bringen, daß ein einfaches und zeitsparendes Zusammenwirken zwischen Eisenbahn und Umschlaganlagen gewährleistet ist. In vielen Häfen ist, worauf schon hingewiesen wurde, der Eisenbahnfachmann erst spät zu Wort gekommen, so daß in der Gesamtanlage die Bedürfnisse der Eisenbahn nur unvollkommen berücksichtigt sind; in anderen Plätzen sind es Platzmangel oder andere unvorhergesehene Entwicklungen, die — zum Bedauern der Häfen selbst — einer optimalen Lösung der Eisenbahnfrage im Wege stehen. Um so mehr ist mittlerweile erkannt, wie notwendig es ist, bei Umgestaltungen und Neuanlagen Hafenbahn und Hafenbecken aufeinander abzustimmen[3].

Wenn auch eine eingehende Behandlung des umfangreichen Sondergebietes „Bahnhöfe in Häfen" entfällt[4] — im Rahmen der Schrift stehen nur die mit den Stückgutumschlaganlagen zusammenhängenden Kaigleise zur Erörterung — sollen doch der Vollständigkeit halber nachstehend wenigstens einige wesentliche Punkte in bezug auf die Anordnung von Hafenbahnhöfen herausgestellt werden.

---

[1] Sofern es in kleineren Häfen möglich ist, oder in größeren — wie etwa Hamburg — aus Platzmangel nötig ist, die Feinsortierung bereits im Haupthafenbahnhof vorzunehmen, dienen die unter c erwähnten Gruppen dem Ausgleich zwischen An- und Abfuhr der Wagen am Kai.

[2] Die neueren Anlagen in Bremen konnten Aufstellgleise unmittelbar vor den Ladegleisen erhalten.

[3] Hinzuweisen ist hier auf die Hafenbahnanlagen von Gotenhafen, wo aus den in der Fußnote S. 8 angeführten Gründen ausreichende und auf das Gesamtsystem bestens abgestimmte Gleisanlagen geschaffen werden konnten; ebenso hat Dünkirchen bei seiner letzten Erweiterung umfangreiche Hafenbahnanlagen erhalten.

[4] Vgl. das an verschiedenen Stellen erwähnte Spezialschrifttum; die hier gemachten Angaben stützen sich im wesentlichen auf die Schrift von Cauer; Abb. 78, 79 und 80 daselbst entnommen.

Ausgehend von dem Grundgedanken, daß die Länge der Kais nicht zu groß sein darf, und daß ihre Richtung eine zügige Gleiszuführung zuläßt, gibt Abb. 78 eine günstige Quereinteilung einer längs einer Wasserstraße zur Verfügung stehenden Hafenfläche.

In bezug auf die Anordnung von Bezirksbahnhöfen läßt diese Abbildung erkennen, daß es darauf ankommt, die Wagen möglichst zügig, d. h. ohne Kehr- oder Sägebewegungen aus dem Haupthafenbahnhof über die Bezirksbahnhöfe den Kaigleisen zuzuführen. Durch Einschränkung der Beckenbreiten nach dem Ende zu (S. 19) können die Bezirksbahnhöfe an die Becken herangerückt und damit die Zustellungsfahrten möglichst kurz gehalten werden (Abb. 79). Es ist selbstverständlich, daß man sich auf Grund der örtlichen Verhältnisse in vielen Fällen mit anderen Lagen der Bezirksbahnhöfe, als in Abb. 78 dargestellt, abfinden muß. Häufig werden Bezirksbahnhöfe neben die Kaianlagen gelegt. Diese Anordnung ist sogar günstig, wenn es sich um sehr lange Kais handelt, die bezüglich der Eisenbahnzustellung doch unterteilt werden müssen; Abb. 80 zeigt Bezirksbahnhöfe für einen langgestreckten Kai.

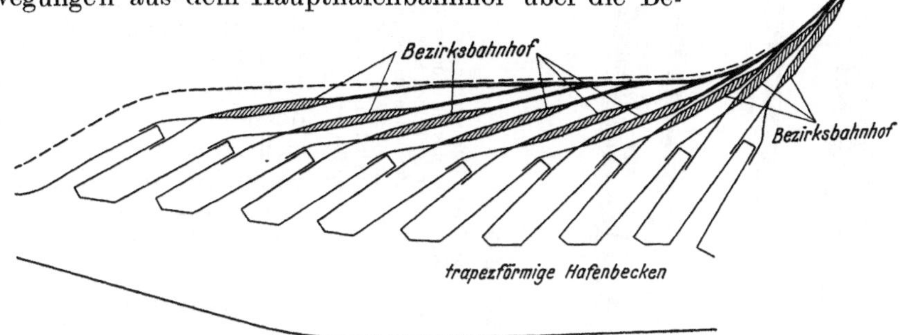

Abb. 78. Eisenbahntechnisch günstige Aufteilung einer länglichen Hafenfläche.

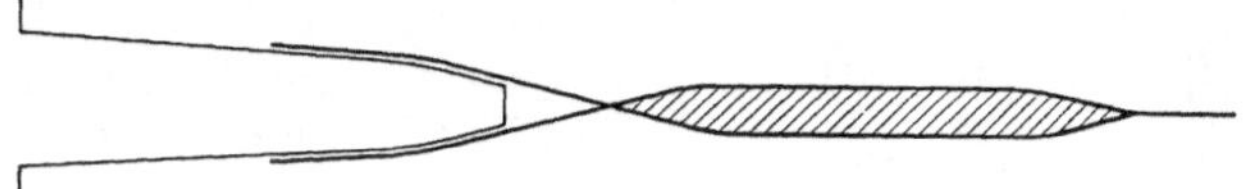

Abb. 79. Herausrücken des Bezirksbahnhofs durch Einschränkung der Beckenbreite.

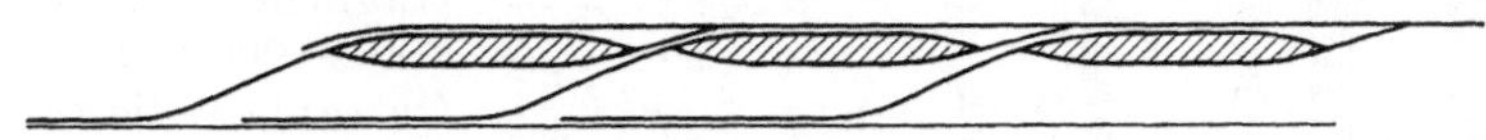

Abb. 80. Bezirksbahnhöfe für einen langen Kai.

Gute Anleitung für eine zweckentsprechende Anordnung von Hafenbahnhöfen geben die bereits erwähnten Wettbewerbsentwürfe für den Freihafen Barcelona; in der a. a. O. angegebenen Quelle[1] ist der bestens durchgearbeitete Entwurf der Siemens Bauunion eingehend behandelt.

3. Gleisanordnung an Stückgutumschlaganlagen.

Die Gleisanlagen, von denen hier die Rede sein soll, und von denen Abb. 81 einen Begriff gibt, sind auf den Kais als Einzelgleise oder Gleisgruppen vor (wasserseitig) und hinter (landseitig) den Kaihochbauten angeordnet.

Das betriebstechnische Problem dieser Gleisanlagen, die sich aus Lade-, Auf-

[1] Jb. hafenbautechn. Ges., Bd. 11, insbesondere S. 361, Abb. 17.

stell- und Durchlaufgleisen zusammensetzen, besteht darin, daß das Zustellen und Abholen der Wagen sich im wesentlichen auf die Zeiten vor und nach der Arbeit und gegebenenfalls noch auf die Zeit der Mittagspause beschränken müssen, da der Lösch- und Ladebetrieb nicht gestört werden darf; diese zeitweilige Überlastung des Rangierbetriebes setzt sich bis in den Haupthafenbahnhof fort und muß bei dessen Bemessung berücksichtigt sein. Damit auf den Kaigleisen ein über die Erfordernisse des Zustellens hinausgehendes Rangieren nicht mehr nötig ist, kommen die Wagen zweckmäßig vorgeordnet an. Das Umstellen einzelner Wagen während der Arbeitszeit läßt sich nicht vermeiden, da beladene Wagen abgerollt und leere herangebracht werden müssen. Je größer der Verkehr, desto mehr Wagen sind auf den Kaigleisen gleichzeitig in Bearbeitung und je länger der zu bedienende Kai, um so schwieriger ist die Zuführung der Wagen. Dies ist der rangiertechnische Grund für die mehrfach schon an anderen Stellen betonte Notwendigkeit, die Länge der Kaianlagen zu beschränken. Das erträgliche Höchstmaß dürfte 900—1000 m betragen, nach Cauer liegt die zweckmäßige Länge je nach der Schiffslänge zwischen 400 und 600 m. Geringere Längen wiederum sind unwirtschaftlich, da sie beim Zustellen und Abholen unvorteilhafte Sägebewegungen erfordern.

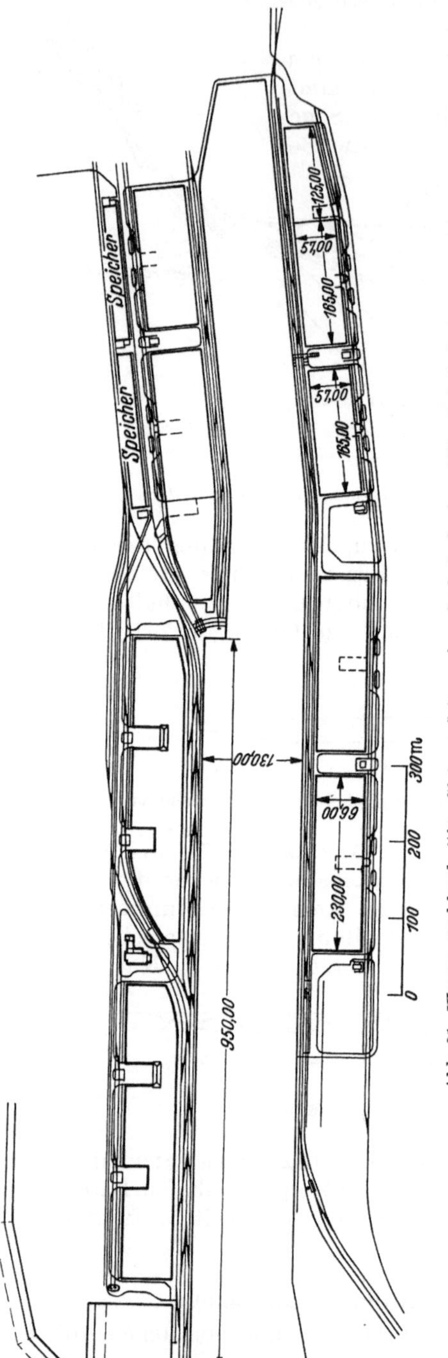

Abb. 81. Wasser- und landseitige Gleisausrüstung eines Seehafenbeckens (Eisenbahnhafen).

Auf folgende Einzelheiten wird besonders hingewiesen: Sämtliche Kaischuppen sind landseitig mit 2 Gleisen ausgerüstet. Wasserseitig sind vor der größeren Zahl der Schuppen 3 Gleise angeordnet; die zwei neuesten Schuppen (auf Abb. oben links) haben an der Wasserseite 4 Gleise. Für diesen neueren Teil ist außerdem die mit Rücksicht auf die große Kailänge erfolgte Unterteilung in verschiedene Bedienungsabschnitte charakteristisch. Jeder der beiden Schuppen ist vermittels S-förmiger Verbindungen an Verschiebe- und Aufstellgruppen angeschlossen, die am oberen Ende des Beckens liegen und in räumlichen und betrieblichem Zusammenhang mit anderen Gleisgruppen stehen. Die Kaigleise stehen über ein- und mehrfache Weichen bei dreigleisiger Anordnung etwa alle 120 m, bei viergleisiger Anordnung etwa alle 70 m miteinander in Verbindung. Die über den Schuppen oben links hinausreichenden Gleisstücke ermöglichen das Aussetzen nicht sofort gebrauchter oder entladener Wagen und erleichtern Verschiebungen innerhalb der eigentlichen Ladestrecke.

Bemerkt sei noch, daß man bei ungünstigen örtlichen Verhältnissen u. U. durch Einlegen eines Knickes (vgl. Abb. 82) oder Absatzes in die Kaistrecke günstigere Gleiszuführungen erreichen kann.

Sind aber trotzdem entweder aus früherer Zeit her oder infolge Ungunst der

Örtlichkeit lange Kaistrecken vorhanden, so besteht die Möglichkeit, zusätzliche Durchlaufgleise anzuordnen, so daß gleichzeitig Bedienungsfahrten für die vordere und hintere Kaistrecke vorgenommen werden können.

Für Anschlüsse zwischen den Gleisgruppen an der Landseite der Schuppen und den wasserseitigen Gleisen — sehr lange Kais machen solche Unterteilungen notwendig — ist man auf S-förmige Verbindungen angewiesen (Abb. 82), die aber selbst bei Verwendung scharfer Krümmungen[1] zu erheblichen Verlusten an Kaiflächen führen.

Drehscheiben und Schiebebühnen beanspruchen weniger Kailänge, haben aber den betrieblichen Nachteil, daß immer nur ein Wagen befördert werden kann. Von Ausnahmen (Triest[2]) abgesehen, sind nach heutigen Anschauungen Gleisverbindungen mittels Drehscheiben abzulehnen; ebenso ist die Anwendung von Schiebebühnen auf besondere Fälle zu beschränken.

Die Verbindung der Durchlaufgleise mit den Lade- und Aufstellgleisen und dieser untereinander erfolgt durch einzelne Weichen (1 : 7 oder 1:7,5) und Weichenstraßen. In welchen Abständen diese Verbindungen anzuordnen sind, kann jeweils nur örtlich bestimmt werden. Je mehr Weichen vorhanden sind, um so einfacher ist natürlich das Auswechseln und Aussetzen der Wagen. Weichenabstände zwischen 100 und 150 m sind häufig anzutreffen. Im einzelnen kommt es darauf an, ob man an einer Umschlaganlage mehrere Ladestellen, oder die einzelnen Umschlaganlagen (Schuppen) oder gar nur Schuppengruppen voneinander unabhängig machen will; auch können sich land- und wasserseitig verschiedene Abstände als notwendig erweisen.

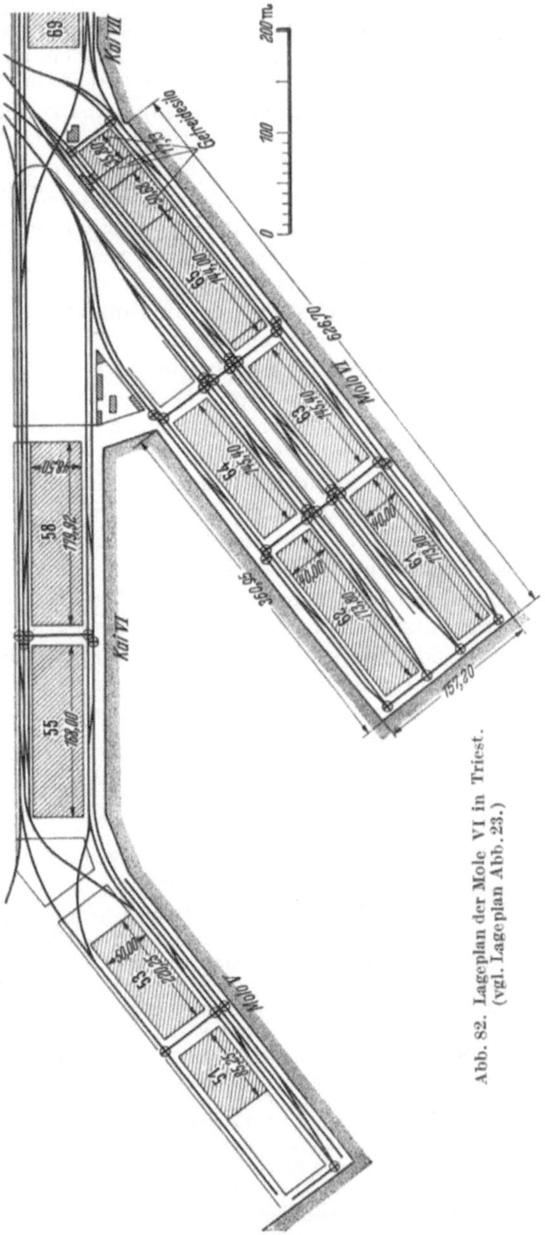

Abb. 82. Lageplan der Mole VI in Triest. (vgl. Lageplan Abb. 23.)

[1] Die Krümmungshalbmesser der Hafengleise sollten nach Möglichkeit nicht unter 190 m herabgehen.

[2] Triest (vgl. Lageplan Abb. 23) weist in seinen älteren Hafenteilen rechtwinklig abgezweigte Kaizungen mit dem damals üblichen Drehscheibenanschluß auf. Die beiden schrägen Kaizungen des neuen Freihafens Abb. 82 konnten günstigen Gleisanschluß erhalten. Da aber der Verschiebedienst in Triest an Stelle von Lokomotiven mit Fordson oder Fiatzugmaschinen (früher von Hand oder mit Ochsengespannen) durchgeführt wird, zeigt der Gleisplan des neuen Freihafens noch eine große Anzahl zum Zwecke eines Querverkehrs von einer zur anderen Kaiseite eingebauter Drehscheiben.

Für die Entfernung der Weichen in den Kaigleisen der Binnenhäfen lassen sich ebenfalls keine Richtlinien geben. In einem Bericht des „Ausschusses der Hafenbautechnischen Gesellschaft für Hafenverkehrswege der Binnenhäfen" (Jahrb., Bd. 16, S. 160) heißt es: „Die Weichen werden grundsätzlich nach Bedarf angeordnet. Vereinzelt sind Weichenabstände unter 100 m im Gebrauch. Die hauptsächlichen Entfernungen liegen jedoch zwischen 100 und 200 m bis zu 300 m. Bei Hafenplanungen würde man heute wohl zweckmäßig den Maßstab von der Uferlänge des größten verkehrenden Schiffes herleiten. Für einen 1000 t-Kahn würden das 80 + 5 = 85 m sein. Die Weichenentfernungen wären dann vereinzelt je nach Notwendigkeit in Abständen von 85 m anzuordnen und im übrigen zu einem Vielfachen dieser Entfernungen von 170 m und 225 m vorzusehen".

Von dem Verkehrsmechanismus des Hafens ist es abhängig, ob den land- oder wasserseitigen Kaigleisen die größere Bedeutung zukommt. Sofern der gesamte Stückgutumschlag über die Kaischuppen geht, und das trifft für zahlreiche Umschlagplätze zu, fällt naturgemäß den landseitigen Gleisen die größere Aufgabe zu. Hierbei haben sich im Regelfalle drei Gleise bewährt (Abb. 81), von denen zwei als Ladegleise und eins als Durchlaufgleis dienen. Je nach Stärke des Verkehrs kommen noch Aufstellgleise hinzu. Die letzteren gewinnen noch an Bedeutung, wenn auf der landseitigen Gleisgruppe die Sonderung der anrollenden Wagen entsprechend der Abfertigungsmöglichkeit an den Schiffen erfolgt; die Erfüllung dieser Aufgabe setzt Quer- bzw. Diagonalverbindungen zu den wasserseitigen Gleisen voraus.

Auf den wasserseitigen Gleisen liegt der Schwerpunkt in ausgesprochenen Eisenbahnhäfen wie etwa Bremen[1], in denen An- und Abfuhr der Stückgüter hauptsächlich mit der Eisenbahn erfolgt. In diesen Häfen geht zwar die Einfuhr auch über die Schuppen, dagegen wird das Ausfuhrgut überwiegend unmittelbar von der Eisenbahn auf das Seeschiff umgeschlagen. Daß ausgehend auf den Schuppen nicht ganz verzichtet wird, liegt daran, daß es nicht möglich ist, alle zur Beladung eines großen Schiffes erforderlichen Waggons auf der immerhin beschränkten Zahl von Gleisen, die wasserseitig angeordnet werden können, gleichzeitig aufzustellen. Um ein unwirtschaftliches Hintereinanderarbeiten (Stand-, Liegegelder) zu vermeiden, muß daher der Schuppen zu Hilfe genommen werden, der im übrigen auch noch für Sammelladungen benötigt wird.

Aber nicht nur in den Eisenbahnhäfen, sondern auch in Umschlagplätzen, wie etwa Hamburg[2], die auf Umschlag mit Binnenschiffen eingestellt sind, ist die Bedeutung der wasserseitig angeordneten Gleise in ständigem Wachsen begriffen, da sich auch hier das Streben nach unmittelbarem Umschlag zwischen Bahn und Schiff bemerkbar macht.

Über Zahl und Anordnung der wasserseitigen Gleise, d.h. der Gleise zwischen Kaischuppen und Kaikante, ist im einzelnen folgendes zu bemerken[3]:

[1] In Bremen liegt der Anteil der mit der Bahn ankommenden und ohne Einschaltung eines Schuppens unverzüglich abgefertigten Stückgüter besonders hoch.

[2] Im Gegensatz zu Bremen trat im Hamburger Hafen bis etwa zum Weltkriege als Träger des Binnenverkehrs die Eisenbahn hinter der Binnenschiffahrt erheblich zurück. Die Zeit nach dem Weltkriege brachte für die gesamte Binnenschiffahrt in Deutschland einen Niedergang und die Eisenbahn in den Vordergrund. Für Hamburg speziell spielten noch eisenbahntarifarische Maßnahmen zur Stärkung des Wettbewerbs gegen die Rheinmündungshäfen eine Rolle. Tatsache ist, daß Hamburg in vielerlei Beziehung ebenfalls zum Eisenbahnhafen geworden ist, was einen erheblichen Ausbau seiner Hafenbahnanlagen zur Folge hatte. Die letzte Konsequenz ist die, daß eine Anzahl in der Modernisierung begriffene Kaistrecken drei wasserseitige Gleise erhalten.

[3] Hier ist auf die Zusammenhänge zwischen Kaikränen und Kaigleisen hinzuweisen. Die in älteren Häfen noch anzutreffenden Rollkräne scheiden für neuere Anlagen aus, weil sie den Eisenbahnverkehr sperren. Hinter und neben Kränen auf Volltoren kann an sich ungehinderter Eisenbahnverkehr stattfinden, doch ist die Kreuzung der Krangleise mit den Weichenverbindungen der Kaigleise nachteilig. Volltore haben weiterhin den Vorteil, daß zwischen der Schuppenrampe und dem dieser benachbarten Gleis ein Abstand verbleiben muß, weil ja unmittelbar an der Rampe die eine Torstütze vorbeiläuft. Bei Anwendung von Halbtoren, die landseitig auf einer an der Kaischuppenwand angebrachten Schiene laufen, entfallen die erwähnten Nachteile, jedoch sind die Kräne an die Schuppen gebunden; will man H lbtorkräne auch zwischen den Schuppen oder auf den angrenzenden Strecken verwenden, müssen dort als Ersatz für die Schuppenwand besondere Gerüste errichtet werden.

Die Anordnung von nur einem Gleis beschränkt sich infolge Fehlens der Rangiermöglichkeit auf die Fälle, wo nur eine gelegentliche Inanspruchnahme etwa für Schwerlasten oder wie bei den älteren Anlagen des Hamburger Hafens als Kohlengleis zwecks Bebunkerung der Seeschiffe in Frage kommt.

Die Abfertigung größeren Verkehrs ist nur beim Vorhandensein von zwei Gleisen möglich, da ein Gleis dann als Durchlaufgleis benutzt werden kann. Welches Gleis zweckmäßig als Durchlaufgleis dient, sowie die Lage der Gleise innerhalb des wasserseitigen Kaistreifens, ist entsprechend den Ausführungen des folgenden Abschnittes sorgfältig mit den Erfordernissen des Straßenverkehrs in Einklang zu bringen. Ist damit zu rechnen, daß zahlreiche Schwerlastgüter zur unmittelbaren Überladung kommen, so ist aus diesem Grunde ein Gleis nahe der Kaikante zu führen, da die Schwerlastbäume der Schiffe nur eine beschränkte Reichweite haben.

Bei Anordnung von drei Gleisen wird die Verkehrsabwicklung weiterhin verbessert; das mittlere Gleis ist dann für den Durchlauf gut geeignet.

In ausgesprochenen Eisenbahnhäfen findet man auch vier wasserseitige Gleise (vgl. Abb. 81). Unter der Voraussetzung, daß ein Strang dem Durchlauf vorbehalten bleibt, stehen dann, je nachdem, ob ein Gleis nach dem Schuppen hin arbeiten muß, zwei oder drei Stränge dem unmittelbaren Umschlag zwischen Schiff und Eisenbahn zur Verfügung.

Die Zahl der erforderlichen Gleisstränge wird außerdem beeinflußt von der Zahl der zu bedienenden Liegeplätze, d. h. von der Anzahl der Wagen, die über einen Abschnitt zu den folgenden heranzuführen sind, wobei die Art der Verkehrsabwicklung wiederum eine Rolle spielt.

Über die Gleisausrüstung in den nordamerikanischen Häfen[1] ist kurz zu sagen, daß die Zuführung der Gleise bei einer Anzahl aufeinanderfolgender, senkrecht vom Ufer abzweigender Piers schwierig ist. Andererseits gestatten die kurzen Wasserfronten, daß man auf den Piers selbst mit wenig Gleisen auskommen kann, da Schwierigkeiten durch Verschiebedienst entfallen. Man findet extreme Lösungen. Zahlreiche Häfen verzichten auf jeden Gleisanschluß. U. a. sind die New Yorker Piers auf Manhattan mit verschwindenden Ausnahmen ohne jeden Anschluß. Der Güterverkehr wird zum größten Teil vermittels der für New York charakteristischen zwei- oder dreigleisigen Eisenbahnfähren (Carfloats) ohne Umladung oder mit Umladung vermittels Leichter abgewickelt. Ganz im Gegensatz dazu ist beispielsweise jeder Pier in San Francisco mit verkehrstechnisch gutem Gleisanschluß versehen.

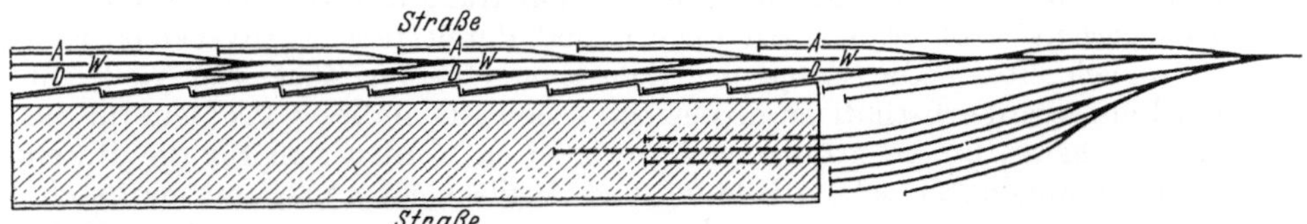

Abb. 83. Sägeförmige Ladebühnenanordnung eines Speichers.

Schließlich ist noch auf Gleisanlagen an Speichern, die ja, wie schon festgestellt, in den Seehäfen im allgemeinen nicht unmittelbar am Kai liegen, einzugehen. Kommt nur ein Einzelspeicher in Frage, so können in bezug auf die Gleisausrüstung wegen der Abhängigkeit von den örtlichen Verhältnissen Regeln nicht gegeben werden. Abb. 83 zeigt eine Anordnung (nach Cauer), bei der die Straße dem Lastwagenverkehr freigehalten ist; die Gleise sind rückseitig und vor einer Stirnseite angeordnet. In diesem Sonderfall hat die rückwärtige Rampe sägeförmige Gestalt erhalten. Die auf diese Weise möglichen kurzen Ladegleisabschnitte mit entsprechenden Wechselgleisen machen die verschiedenen Ladestellen hinsichtlich der Auswechselung der Wagengruppen unabhängig voneinander. Von den stirnseitig angeordneten Gleisen sind, was u. U. von Vorteil

[1] Einzelheiten vgl. E. Foerster: Nordamerikanische Seehafentechnik.

ist, einige in den Speicher hineingeführt; auf den übrigen kann ein Ordnen der Wagen erfolgen.

Handelt es sich um Gruppen von Speichern wie in Stettin oder Bremen, so liegen die Gleise je nach den Verhältnissen an einer oder beiden Längsseiten; im letzteren Falle werden sie an einer Seite zweckmäßig eingepflastert. In dem Sonderfall Hamburg, wo die Speicher sämtlich am flußschifftiefen Wasser liegen, ist die Mehrzahl der Speicher ohne jeden Gleisanschluß.

Speicher an Seeschiffkais (sog. Kaispeicher) sind, wie schon gesagt[1], Ausnahmen, während man an den Ufern der Binnenhäfen häufig Speicher findet. Die Ausstattung dieser Speicher mit Gleisen ähnelt dann der der Umschlagschuppen. Bei Schuppenspeichern ist der Gleisbedarf i. a. größer als bei Kaischuppen, da die An- und Abfuhr der Speichergüter hinzukommt.

E. Kaistraßen[2].

1. Allgemeines.

Unter Kaistraßen sollen in diesem Zusammenhang sowohl die durchlaufenden unmittelbar am Wasser gelegenen gepflasterten Flächen als auch die landseitigen gepflasterten Umsäumungen der Schuppen und Speicher verstanden werden. Diese Flächen gewinnen entsprechend der Steigerung des Lastkraftwagenverkehrs, dem zu genügen eine in allen Häfen brennende Frage ist, immer mehr an Interesse. Über den Zubringer Lastkraftwagen war schon mehrfach, und zwar im Abschn. II A 2 sowie bei Behandlung der Kaischuppen, insbesondere der Rampenfrage, gesprochen worden. Es folgen nunmehr einige ergänzende Angaben über Leistungen und Abmessungen von Lastkraftwagen.

Als mittleres Beladungsgewicht kann man z. Zt. noch bei Fuhrwerken 1,5 t, bei Lastkraftwagen 4 t ansetzen; die Höchstzahlen belaufen sich auf 3—5 bzw. 9—12 t. Nach der Straßenverkehrs-Zulassungsordnung vom 13. November 1937 ist die Breite von LKW bei einem Gesamtgewicht bis 7 t auf 2,35 m und über 7 t auf 2,50 m beschränkt. Die Anzahl der Anhänger ist nicht festgelegt, jedoch darf die Länge eines Zuges miteinander verbundener Fahrzeuge 22 m nicht überschreiten.

Die Autobahn mit ihrer gegenüber der Normalstraße unvergleichlich höheren Verkehrssicherheit eröffnet den Anhängern und damit dem Fernverkehr noch größere Möglichkeiten. Die Frage der Zulassung längerer Züge von vielleicht 30—35 m Länge wird ernsthaft zu prüfen sein. So einfach dieses Problem für die Autobahn erscheint, um so größere Schwierigkeiten werden sich für die Häfen ergeben. Kraftwagenzüge setzen Bildung und Auflösung voraus, und man steht vor der Entscheidung, ob sich diese Vorgänge im Anschluß an die Fernstraße bzw. Autobahn, am Rande der Häfen oder in den Häfen selbst abspielen sollen. Die Lösungen werden sich erst bei entsprechender Entwicklung des LKW-Verkehrs und auf Grund noch zu sammelnder Erfahrungen ergeben; man kann aber ohne weiteres voraussetzen, daß für die Bewegungen in den Häfen die Zugmaschine eine besondere Rolle spielen wird. Es ist eine noch organisationsmäßig zu lösende Frage, wie weit Zugkraft und Laderaum zweckmäßig voneinander getrennt werden. Durch den vermehrten Einsatz von Anhängern wird eine noch wirtschaft-

---

[1] Vgl. die Anmerkung auf S. 63.

[2] Auf folgendes z. T. für die Ausführungen benutztes Schrifttum wird hingewiesen: Wundram: Hafen- und Kraftwagenverkehr. Jb. hafenbautechn. Ges. 1939, Bd. XVII, S. 133ff. — Zur Frage der Lastkraftwagenabfertigung in den Häfen. Werft Reed. Hafen 1937.—Nadermann: Die Straßenverkehrswege in den Binnenhäfen. Jb. hafenbautechn. Ges. 1939, Bd. XVIII. — Leichtweiß: Lastkraftwagen und Hafen. Z. Binnenschiff. 1938. — Kleinschmidt: Kraftwagen und Häfen. Z. Binnenschiff. 1937. — Scholz: Kraftwagen und Binnenschiffahrt. Z. Binnenschiff. 1936.

lichere Auslastung der Züge erreicht werden können. Zweifellos wird der LKW-Verkehr für den Stückgutumschlag eine gesteigerte Bedeutung erlangen.

2. Zufahrten zu den Umschlaganlagen — Aufstellplätze.

Der Ausdehnung der Pflasterflächen in der unmittelbaren Umgebung der Umschlaganlagen sind aus räumlichen und wirtschaftlichen Gründen Grenzen gesetzt. Der Verkehr auf ihnen muß daher unbedingt flüssig gehalten werden. Streng genommen haben auf diesen Flächen nur an- und abfahrende und die in der Be- und Entladung begriffenen Fahrzeuge Daseinsberechtigung. Dies bedeutet, daß die Zufahrten in bezug auf Breiten und Halbmesser den Abmessungen neuzeitlicher Lastzüge entsprechen müssen. Leider ist aber in fast allen Häfen festzustellen, daß die dort vorhandenen Zufahrten im Vergleich zu Zahl und Größe der auf ihre Benutzung angewiesenen Fahrzeuge viel zu eng sind, ein Mangel, der ohne Eingriffe in andere wertvolle Anlagen zumeist nicht zu beheben ist. Wieviel Fahr- und Standspuren die Zufahrten im einzelnen aufweisen müssen, kann jeweils nur auf Grund der örtlichen Verhältnisse festgelegt werden, so daß auf eine nähere Erörterung hier verzichtet wird. Nachdrücklich hingewiesen sei jedoch darauf, daß bei Veränderungen der den Zufahrten benachbarten Bauten jede Möglichkeit zur Verbesserung der Straßenverhältnisse auszunutzen ist. Daß bei Neuanlagen unter Berücksichtigung künftiger Fahrzeugentwicklungen von vornherein für Straßen ausreichende Flächen vorzusehen sind, dürfte nach den Ausführungen selbstverständlich sein.

Nicht minder wichtig für die Flüssighaltung des Verkehrs an den Umschlaganlagen, besonders im Hinblick auf die im Hafenbetrieb unvermeidlichen Wartezeiten sind Wende- und Aufstellplätze. Die Lage dieser Plätze muß sich ebenfalls örtlichen Gegebenheiten anpassen, nach Möglichkeit sind jedoch größere Entfernungen zu den Umschlagplätzen zu vermeiden. Dagegen werden Aufstellmöglichkeiten in unmittelbarster Verbindung mit den Umschlagschuppen benötigt bei dem sog. Verteilungsverkehr, wie er im Hamburger Hafen organisiert ist, oder auch bei dem in Bremen aufgezogenen Sammelverkehr.

Der mit dem Verteilungsschuppen Hamburg verbundene Autobahnhof mit seinen zungenförmigen Rampen ist auf S. 36 eingehend beschrieben (Abb. 29); er dient entsprechend den oben gemachten Ausführungen lediglich kurzfristigem Aufenthalt der Fahrzeuge. Der Bremer Sammelgutschuppen hat entsprechend den anders gelagerten Verhältnissen seinen Platz am Rande des Freigebietes, zweckmäßig wurde daher mit der Anlage eine Unterkunft für die Fahrer verbunden (S. 57).

3. Die Pflasterflächen der Umschlaganlagen.

Für Anordnung und Bemessung der dem eigentlichen Umschlagbetrieb zuzurechnenden Pflasterflächen, auf denen also die Fahrzeuge be- und entladen werden, ist außer Größe und Zahl der verkehrenden Lastwagen das Verhältnis zu den Schienenwegen maßgebend. Wenn auch in den Abb. 18 u. 19 eine Art Musterbeispiele für den Querschnitt eines Seehafenkais gegeben sind, so zeigen doch die zahlreichen, in den voraufgegangenen Abschnitten gebrachten praktischen Beispiele von Kaiquerschnitten, daß je nach besonderen Verhältnissen Pflasterflächen und Gleisanlagen in vielerlei Kombinationen vor, hinter und neben den Umschlaganlagen angeordnet sind. Leider ist, wie bei den Zufahrten, auch hier summarisch festzustellen, daß in fast allen älteren Häfen die Breiten der Pflasterungen zwischen Kaikante und Schuppen, auf die es besonders ankommt, zu knapp bemessen sind, so daß bei Verkehrssteigerungen schon aus diesem Grunde sofort Schwierigkeiten entstehen. Daß auch die Flächen zwischen den Giebeln der Kaischuppen gepflastert sind und zur Abfertigung von Lastwagen ausgenutzt werden, war schon bei Besprechung der Kaischuppen erwähnt, ebenso daß durch

Anordnung besonderer Innenhöfe weitere Rampenlänge gewonnen werden kann (S. 35). Bekannt ist auch, daß durch Einpflasterung der Gleise i. a. erhebliche Flächen für Eisenbahn und Lastwagen benutzbar gemacht werden.

Solange nur pferdebespannte Lastwagen an den Umschlaganlagen verkehrten, hat sich die Abfertigung von Eisenbahn und Lastwagen i. a. reibungslos vollzogen. Die an Schienen und Fahrplan gebundene Eisenbahn hatte die Vorherrschaft, das Pferdefuhrwerk mit seiner vergleichsweise geringen Fördermenge und Umschlaggeschwindigkeit trat zurück. Das Auftreten zahlreicher im Gegensatz zum Fuhrwerk auf schnelle Abfertigung drängender Lastkraftwagen an den Umschlaganlagen — häufig ging eine allgemeine Verkehrszunahme nebenher — hat aus leicht erklärlichen Gründen zu betrieblichen Schwierigkeiten geführt.

Die mit einem gemischten Betrieb verbundenen Nachteile sind sehr ernst zu nehmen, und es ist selbstverständlich, daß alle Mittel, welche die Reibungen herabzusetzen vermögen und es gibt — wie unten ausgeführt — je nach den

Abb. 84. Klappbrücke als Verbindung zweier benachbarter Kaischuppenrampen.

besonderen Verhältnissen derer eine ganze Reihe, zur Anwendung kommen müssen. Vielfach haben jedoch die entstandenen Schwierigkeiten zu dem Wunsch geführt, die Umschlagstellen der beiden Verkehrsmittel völlig zu trennen. Es muß jedoch dringend davor gewarnt werden, in dieser Beziehung zu weit zu gehen, da man damit zu räumlichen Ausmaßen der Umschlaganlagen kommen würde, die in den allermeisten Fällen von vornherein eine wirtschaftliche Ausnutzung ausschlössen.

Inwiefern ist es nun möglich, die Reibungen zwischen Eisenbahn und Lastkraftwagen am Kai zu verringern?

a) Überall, wo es noch nicht vollständig durchgeführt ist, sind Bahngleise einzupflastern, damit je nach den Betriebspausen Eisenbahn oder Lastkraftwagen abgefertigt werden können.

b) Dadurch das man nach Art der Abb. 84 die Rampen zweier nebeneinander gelegener Kaischuppen verbindet sowie die Kranbahn durchführt, wird zusätzliche und ungestörte Fläche für Abfertigung von Lastkraftwagen gewonnen.

Damit nach wie vor Lastwagen auf den Stichstraßen zwischen den Kaischuppen an die wasserseitigen Rampen gelangen können und die Fläche unmittelbar am Kai weitgehend vom Durchgangsverkehr freigehalten wird, hat sich in Hamburg der Einbau von Klappbrücken (Abb. 84) in die verbindenden Zwischenrampen bewährt.

c) Die größte Verbesserung einer Umschlaganlage kann erreicht werden, wenn die örtlichen Verhältnisse eine Verbreiterung der wasser- oder landseitigen Verkehrsflächen zulassen. Die landseitige Verbreiterung scheidet i. a. aus bei Umschlaganlagen, die ihrerseits an andere grenzen, die kaiseitige ist davon abhängig, wie weit eine Einengung der Wasserflächen möglich ist.

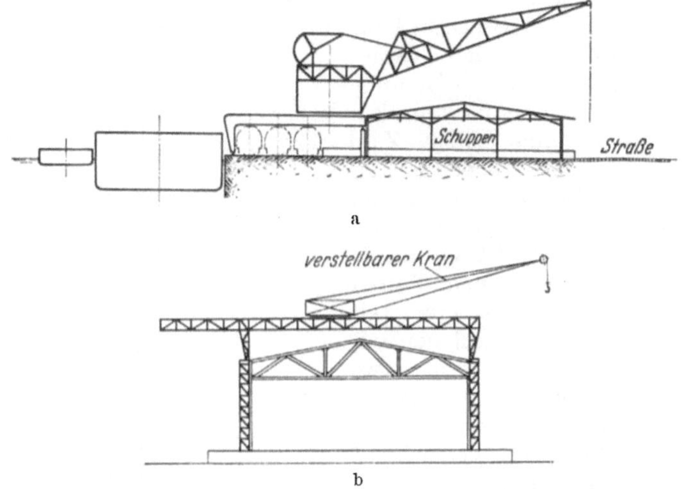

Abb. 85. a u. b. Über das Schuppendach arbeitende Kaikrananordnungen.

Vor Durchführung der Umgestaltung ist zu prüfen, ob durch Zusammenfassung der Gleisanlagen an der Wasser- oder Landseite eine getrennte Abfertigung der beiden Verkehrsmittel erreicht werden kann. Die Hemmung liegt i. a. darin, daß größere Wege der Güter im Schuppen entstehen.

Sind wasserseitig Straße und Gleise erforderlich, bedarf es der Entscheidung, was unmittelbar an die Kaikante zu legen ist. Da Stückgüter aus LKW nach oben, aus Eisenbahnwaggons seitlich herausgenommen werden, wird man nach

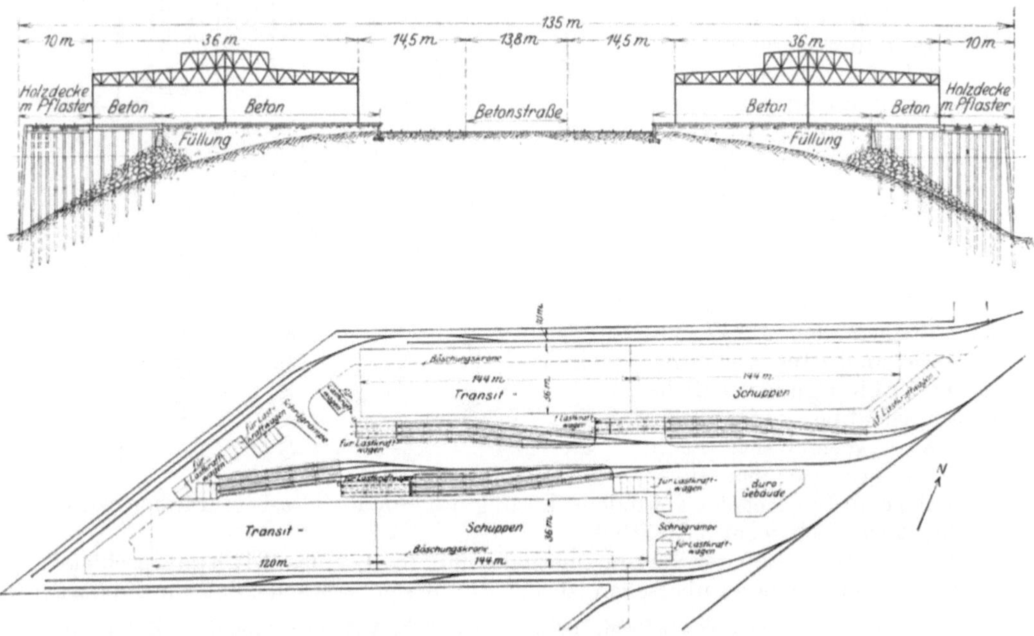

Abb. 86. Pieranlage in Los Angeles (Querschnitt und Grundriß).

Möglichkeit die Gleise an die Schuppenrampe legen. Die andere Lösung wird man nur dann wählen, wenn ein besonders reger unmittelbarer Umschlag zwischen Schiff und Eisenbahn besteht.

In manchen Fällen kann es vorteilhaft sein, eine zweite Rampe zwischen die Gleisanlagen und die Schuppenrampe zu legen. Diese Art der getrennten Abfertigung ist beispielsweise an der Landseite des auf S. 71 beschriebenen Schuppenspeichers in Stettin (Abb. 76) zur Durchführung gekommen.

d) In mehrfacher Beziehung zu überprüfen ist auch die Hebezeugausrüstung. Zunächst ist eine solche Zahl von Kränen Vorbedingung, daß die Betriebspausen der Eisenbahn voll für die Abfertigung von LKW ausgenutzt werden können. Ferner sind solche aus älterer Zeit stammenden Krananlagen umzugestalten, die, wie etwa Rollkräne, durch übermäßige Platzbeanspruchung den Verkehr behindern. Als Beispiel sei auf die umfassende Verbesserung eines Hamburger Kais (S. 88, Abb. 88), wobei die Rollkräne auf Portale gesetzt wurden, verwiesen.

Schließlich liegt eine Möglichkeit, LKW und Eisenbahn getrennt zu halten, darin, daß man Kranausrüstungen wählt, die den Umschlag über den Schuppen hinweg unmittelbar in den Lastwagen zu bewerkstelligen gestattet (Abb. 85a u. b)[1]. Die Lösung ist zweifellos in Anlage und Betrieb teuer, sie ermöglicht aber die Beibehaltung vorhandener schmaler Kais.

e) Daß man auch durch entsprechende Gestaltung der Gleisanlagen den LKW zusätzliche an bester Stelle gelegene Abfertigungsmöglichkeiten schaffen kann, zeigt Abb. 86. Wenn sich auch die hier gezeigte, bei einer Pieranlage in Los Angeles gefundene Lösung auf Sonderfälle beschränken wird, erscheint sie doch recht beachtlich.

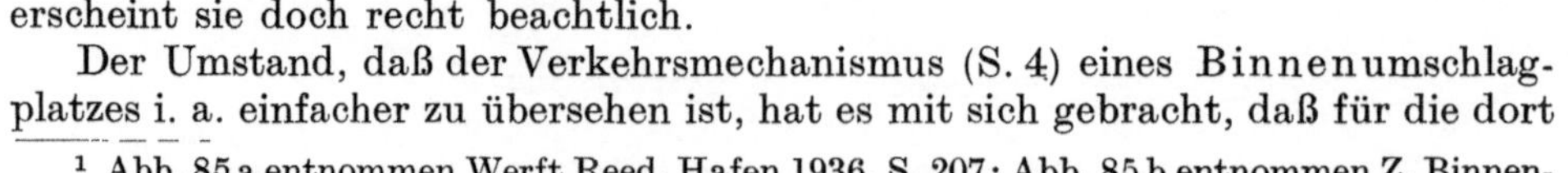

Der Umstand, daß der Verkehrsmechanismus (S. 4) eines **Binnenumschlagplatzes** i. a. einfacher zu übersehen ist, hat es mit sich gebracht, daß für die dort

[1] Abb. 85 a entnommen Werft Reed. Hafen 1936, S. 207; Abb. 85 b entnommen Z. Binnenschiff. 1938, S. 148.

vorhandenen Kaistraßen bereits eingehende Untersuchungen mit Schlußfolgerungen vorliegen, auf deren Studium verwiesen werden kann[1].

Der in der Anmerkung genannte Ausschuß hat für die Verkehrsabwicklung in Binnenhäfen geeignete und verwendbare Regelquerschnitte (Abb. 87) entwickelt, die mit Rücksicht auf die Vergleichsmöglichkeiten, die sich in bezug auf Seehäfen ergeben, hierunter näher erläutert werden.

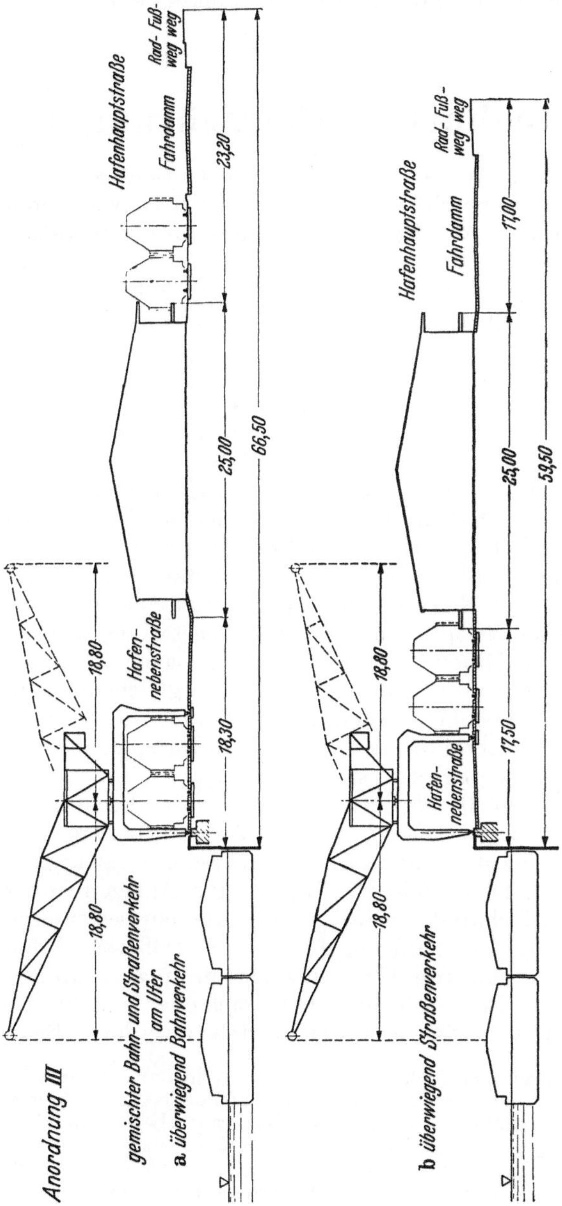

Abb. 87. Regelquerschnitte in Binnenhäfen.

Anordnung I ist gedacht für einen Bahnverkehr am Ufer. Von den drei Gleisen dienen eins dem unmittelbaren Umschlag mit dem Schiff, ein weiteres dem durchgehenden Verkehr und das landseitige der Verkehrsabwicklung mit dem Schuppen. Der Breite der als Hafenhauptstraße bezeichneten Zubringerstraße liegen vier Fahrspuren und eine Standspur zugrunde.

Bei Anordnung II ist am Ufer reiner Straßenverkehr vorausgesetzt; die Breite ergibt sich aus je einer Standspur für unmittelbaren Wasserumschlag und Schuppenverkehr sowie aus zwei Fahrspuren. Landseitig sind je ein Lade- und Durchlaufgleis angeordnet; bei der Zubringerstraße kann gegenüber Anordnung I eine Standspur entfallen.

Anordnung III dient dem gemischten Verkehr mit überwiegendem Bahnverkehr am Ufer. Von den Ufergleisen ist eins für unmittelbaren Umschlag mit dem Schiff, das zweite Durchfahrtsgleis. Die Kaistraße enthält zwei Fahrspuren und eine Standspur für die Verkehrsabwicklung mit dem Schuppen. Landseitig erfolgt die Bahnbedienung des Schuppens mit Lade- und Durchfahrtgleis.

Anordnung IIIb setzt ebenfalls gemischten Verkehr, aber überwiegenden

[1] Vgl. die Straßenverkehrswege in den Binnenhäfen von Dir. J. H. Nadermann, Magdeburg, Leiter der Arbeitsgruppe „Straßenwege" im Ausschuß für Hafenverkehrswege in den Binnenhäfen der Hafenbautechnischen Gesellschaft e. V. Jb. hafenbautechn. Ges., Bd. 18, Abb. 87, daselbst entnommen.

Straßenverkehr am Ufer voraus. Die Kaistraße enthält zwei Fahrspuren und eine Standspur für unmittelbaren Umschlag mit dem Schiff. Die beiden Gleise dienen vorwiegend dem Verkehr mit dem Schuppen und dem Durchgangsverkehr, notfalls kann auch — unter Zwischenschaltung von Ladegeräten — unmittelbarer Wasserumschlag abgewickelt werden. Sämtliche Querschnitte setzen Gleislängen von 600—1000 m voraus; bei größeren Kailängen tritt zweckmäßig ein weiteres Durchfahrtsgleis hinzu.

III. Wirtschaftlich-technische Betrachtungen.

In diesem Abschnitt soll weder die Wirtschaftlichkeit von Umschlaganlagen im Großen — bekanntlich eine der umstrittensten und zugleich schwierigsten Fragen — behandelt werden, noch kann die Erträglichkeit der einzelnen Anlage zur Debatte stehen, da ja die maschinen-technischen Fragen des Stückgutumschlags nicht Gegenstand der Erörterung gewesen sind[1]. Es sollen daher lediglich einige in das bautechnische Gebiet spielende Probleme der Wirtschaftlichkeit angedeutet werden.

Kennern der Verhältnisse ist es geläufig, daß noch bis in die heutige Zeit zahlenmäßige Ertragsberechnungen für Umschlaganlagen vielfach unterblieben sind. Man hat sogar solche Rechnungen mitunter ausdrücklich als nicht nötig bezeichnet mit der Begründung, daß das Verkehrs- und Ladebedürfnis allein genüge. Dieser Standpunkt ist zweifellos nicht richtig. Die vorangegangenen Darlegungen dürften zur Genüge bewiesen haben, wie sehr allein schon Maßnahmen im bautechnischen Sektor den Betrieb zu erleichtern bzw. zu erschweren vermögen. Will man aber diesen Dingen auf den Grund gehen, bedarf es laufender und ins Einzelne gehender Feststellungen über die in der Anlage erzielten Ergebnisse.

Von der Beibringung praktischer Beispiele wird hier abgesehen, da sich genauere Angaben nur für bestimmte Häfen bzw. bestimmte Anlagen in diesen machen lassen würden, wobei sich in großem Umfange gültige Vergleichsmöglichkeiten aber nicht ergeben würden. Nebenher sei erwähnt, daß auch die Beschaffung guter Unterlagen auf gewisse Schwierigkeiten stößt, da kein Hafenumschlagsbetrieb auf die Veröffentlichung seiner Selbstkosten Wert legt.

Einen besondern Hinweis erfordern die Einflüsse, die sich unter Umständen aus der Bewirtschaftungsform der Anlagen auf die bauliche Ausgestaltung ergeben.

Ausgeschieden werden können hierbei Einzelanlagen (etwa ein Schuppenspeicher mit entsprechendem Zubehör) in kleineren Häfen. Bei Anlagen dieser Art wird man ungeachtet der Bewirtschaftsform wohl immer die den besonderen Zwecken angepaßte beste technische Ausgestaltung finden. In größeren Häfen dagegen hat man es mit einer Häufung von Umschlaganlagen zu tun, und es kommt dann wesentlich darauf an, ob diese Anlagen jede für sich oder gemeinsam, sei es nun privat, gemischtwirtschaftlich oder öffentlich betrieben werden[2]. Beim

---

[1] In bezug auf die Bedeutung der maschinen-technischen Seite braucht nur auf den Einfluß der Kaikräne verwiesen zu werden, den diese auf die Wirtschaftlichkeit einer Anlage ausüben. Bekanntlich sind die nordwesteuropäischen Häfen mit Kaikränen besonders reichlich ausgestaltet im Gegensatz zu zahlreichen Häfen in USA., die auf den Kaikran ganz verzichten. Es gibt europäische Hafenfachleute, die die Wirtschaftlichkeit zahlreicher nordamerikanischer Häfen lediglich auf diesen Verzicht auf den Kaikran zurückführen.

[2] Bekanntlich finden sich in Häfen die verschiedenartigsten Bewirtschaftungsformen, die sich aus geschichtlichen und örtlichen Verhältnissen heraus entwickelt haben. In bezug auf dieses vielerörterte Problem wird auf folgende Schriften verwiesen: Mattern: Die Bewirtschaftungsformen der deutschen Seehäfen nach dem Kriege. Schiffahrts-Jahrbuch. Hamburg, Seedienst-Verlag 1926. — Thormählen: Organisationsänderungen in der Bewirtschaftung der deutschen Seehäfen nach dem Kriege unter besonderer Berücksichtigung der Vergesellschaftung. Rostock 1927. — Lohmeyer: Über Hafenverwaltungen im In- und Auslande. Jb. hafenbautechn. Ges., Bd. 12, 1932.

Einzelbetrieb durch Private kann die technische Ausgestaltung jeder einzelnen Anlage vorzüglich sein, auf einen größeren Hafenteil oder den Gesamthafen bezogen, ist aber die Ausgestaltung auf alle Fälle uneinheitlich. Nicht einheitlich gestaltete Kaianlagen können aber bei Änderungen der Verkehrsbeziehungen, womit jeder Hafen rechnen muß, mangels ausreichender Anpassungsfähigkeit u. U. sehr schnell unwirtschaftlich werden. Die einheitliche Gestaltung ist am besten gewährleistet, wenn sich die Anlagen in einer Hand befinden. Die Güte der technischen Ausrüstung, die ihren besonderen Ausdruck in der mehr oder minder reichlichen Verwendung von Hebezeugen und Flurfördermitteln findet, ist dann wiederum davon abhängig, ob der Betrieb nur die Betriebskosten decken oder Einnahmen erzielen will oder sich evtl. sogar Zuschüsse leisten kann.

Kurz herausgestellt werden soll auch der enge Zusammenhang, der zwischen der Bauweise (Wahl der Baustoffe) der gesamten Anlage und ihrer Wirtschaftlichkeit im ganzen besteht. Bei der Erstellung neuer Umschlaganlagen steht man vor der Frage, auf welche Lebensdauer die Bauwerke abzustellen sind. Es ist beispielsweise zu entscheiden, ob man eine massive Kaimauer oder ein aufgelöstes Bauwerk oder nur eine Kaibrücke aus Holz wählt, und ob man Umschlagschuppen aus Eisenbeton, Holz oder Wellblech errichtet. Es liegt auf der Hand, daß in dieser Beziehung Lösungen nur in engster Anlehnung an örtliche Gegebenheiten gefunden werden können, und daß auch dann noch, da man den kommenden Verkehr nicht voraussagen kann, die Initiative der Hafenverwaltung bzw. deren finanzielles Können den Hauptausschlag geben. Wenn dazu etwas allgemeines gesagt werden kann, so nur dies, daß unter Umständen leichtere Bauwerke zunächst denselben Dienst tun. Sie bieten auf längere Sicht gesehen außerdem den Vorteil, daß sie einer Entwicklung insofern nicht hinderlich sind, als man gegebenenfalls leichter an ihren Abbruch herangehen wird, als dies bei massivenAusführungen der Fall sein würde. Auf der anderen Seite erfordern leichtere Ausführungen sehr viel eher und auch mehr Unterhaltung. Unterhaltungsarbeiten aber behindern den Verkehr und machen unter Umständen dadurch eine Anlage unwirtschaftlich. Aus dem Gedanken heraus, veraltete Anlagen bei weiterer Verkehrsentwicklung radikal wieder ausmerzen zu können, findet die leichtere Bauweise in USA. vielfache Anwendung. Diesem Beispiel folgend, sind auch während und kurz nach dem Weltkrieg in Frankreich eine Anzahl Umschlaganlagen in weniger dauerhaftem Material erstellt worden. Gerade in Frankreich hat sich aber, da diesem Lande beispielsweise das Holz fehlt, gezeigt, daß die Methode nicht geeignet ist.

Als Beispiel seien die während des Weltkrieges errichteten Anlagen in Bordeaux-Bassens erwähnt, die schon nach wenigen Jahren durch massive Bauweisen ersetzt worden sind.

Schließlich soll noch kurz darauf eingegangen werden, wie sich ein Umschlagunternehmen seinen älteren Anlagen gegenüber einstellt. Auch hier spielt die Betriebsform insofern eine Rolle, als einer jeden von ihnen ein gewisses Maß an Initiative innewohnt.

Die seit dem Weltkriege zu verzeichnende, in vieler Beziehung sich übersteigernde Entwicklung in schiffbau-, hafenbau- und umschlagtechnischer Beziehung, hat wohl mehr oder weniger jeden Hafen vor die Notwendigkeit gestellt, seine älteren Anlagen den Erfordernissen des neuzeitlichen Verkehrs anzupassen.

Zwei Wege sind dabei beschritten worden: Der eine geht dahin, die zumeist in günstiger Lage zum Handel entstandenen Anlagen — Stadtnähe ist häufig von ausschlaggebender Bedeutung — an sich beizubehalten und somit an gewohnter Stelle dem Verkehr bessere Betriebsmöglichkeiten zu geben. Je nach den Verhältnissen werden dann die Liegeplätze am Kai vertieft, was wieder z. T. Verstärkungen der Kaimauern bedingt, Gleisanlagen neu geschaffen oder vermehrt, Straßenverhältnisse als Folge vermehrten Lastwagenverkehrs verändert, die mechanische Ausrüstung verbessert oder durch neuzeitliche ersetzt oder auch noch andere Verbesserungen durchführt.

Ein Beispiel dieser Art der Modernisierung veralteter Kaianlagen, und zwar im Hamburger Hafen, zeigen die Abb. 88a und b. Abb. 88a läßt die ursprünglich

a

b

Abb. 88. Älterer Kaischuppen vor und nach dem Umbau.

auf der Kaistraße angeordneten Rollkräne erkennen, die Eisenbahn und Lastwagen in gleicher Weise beengten. Die Modernisierung der Kaistrecke erfolgte gemäß Abb. 88b in der Weise, daß die Rollkräne auf Halbtore gesetzt wurden, wodurch das Bahngleis für unmittelbare Überladung frei und außerdem Platz für den Lastwagenverkehr geschaffen wurde. Gleichzeitig wurden die bis dahin nach der Wasserseite offenen Schuppen durch Einbau der in Hamburg üblichen Wellblechtore geschlossen.

Bei dem anderen Weg zieht man es vor, veraltete Anlagen gänzlich aufzugeben und sie gelegentlich an gleicher, meist aber an anderer, der Gesamtentwicklung des Hafens besser angepaßten Stelle neu und auf das neuzeitlichste ausgestaltet zu errichten. Bei den Anhängern dieser Richtung spielt die Erwägung eine Rolle, daß man eine Umschlaganlage im einzelnen und im ganzen zwar laufend verbessern und sie damit über lange Zeiträume gebrauchsfähig erhalten kann, daß aber schließlich die Summe der laufenden Aufwendungen die Kosten einer neuen und vergleichsweise leistungsfähigeren Anlage übersteigt.

Das Studium des Hafenbaues der letzten zwei Jahrzehnte zeigt, daß man in beiden Richtungen zu viel tun kann. So hat man sich beispielsweise in den englischen Häfen in verblüffend langmütiger Weise mit zwar in Einzelheiten verbesserten, insgesamt aber stark veralteten Anlagen abgefunden, und es ist erst in neuerer Zeit und auch nur vereinzelt zu umfassenden Erweiterungen gekommen. Umgekehrt hat man in einer großen Zahl der europäischen Festlandshäfen ausgedehnte Erweiterungen bereitgestellt, an deren Ausnutzung für lange Zeit nicht gedacht werden kann.

Schlußbemerkung.

Wir sind am Ende der Betrachtungen angelangt und kommen auf das im Vorwort Gesagte zurück, daß die am Einzelbeispiel sich ergebenden Schlußfolgerungen nicht zu Regeln führen können. Die großen Unterschiede von Hafen zu Hafen, die sich aus der Abhandlung zur Genüge ergeben, lassen in bezug auf Schlußfolgerungen in der Tat nur allgemeine Formulierungen zu. Immerhin gibt sich der Verfasser der Hoffnung hin, daß die durch die Darlegungen gegebene Möglichkeit, in die baulich-betrieblichen Verhältnisse anderer Häfen Einblick zu nehmen, in zahlreichen Fällen dem Leser die Lösung der ihm gerade vorschwebenden Aufgabe erleichtern wird.

Schrifttum.[1]

Bücher.

Cauer: Eisenbahnausrüstung der Häfen. Berlin: Julius Springer 1921.
Förster: Beiträge zur betriebswirtschaftlichen Beurteilung der Rangierarbeit auf Hafenbahngleisen. Verlag: Konrad Triltsch, Würzburg 1936.
Foerster: Nordamerikanische Seehafentechnik. Berlin: Julius Springer 1926.
Franzius: Der Verkehrswasserbau. Berlin: Julius Springer 1927.
Proetel: See- und Seehafenbau. Berlin: Julius Springer 1921.
Schulze: Seehafenbau, Bd. I, II u. III. Berlin: Wilhelm Ernst u. Sohn.
Wendemuth-Böttcher: Der Hafen von Hamburg. Hamburg: Meißner u. Christiansen.
Wundram: Mechanische Hafenausrüstungen. Berlin: Julius Springer 1939.
Der Hafen Hamburg. (Handbuch für Verlader.) Hamburg 1938.
Jahrbücher der Hafenbautechnischen Gesellschaft. Hamburg-Berlin.
Berichte der Internationalen Schiffahrtskongresse.
Die Binnenhäfen. Stuttgart u. Berlin: W. Kohlhammer Verlag 1938.
Travaux Maritimes von Joly, Watier, Laroche und de Ronville, Tome III, Ouvrages intérieurs et outillage des ports. Paris: Dunod 1940.

Zeitschriften.

Arpa. Verlag Dr. Stöger u. Co., Hamburg.
Der Bauingenieur. Berlin.
Die Bautechnik. Berlin.
The Dock and Harbour Authority. London.
Werft, Reederei, Hafen. Hamburg-Berlin.
Zeitschrift für Binnenschiffahrt. Berlin.

Zeitschriftenaufsätze.

Bunnies und Bolle: Über englische Handels- und Fischereihäfen. Werft, Reederei Hafen 1929.
Hacker: Der Ausbau des Hafens II in Bremen. Z. d. VDI 1929 S. 1837.
Lohmeyer und Bolle: Die französischen Seehäfen. Die Bautechnik 1932 S. 515—528.
desgl.: Verwaltung und Bewirtschaftung der französischen Seehäfen. Hansa 1931.
de Thierry: Anforderungen des neuzeitlichen Güterumschlagverkehrs an den Hafenbau. Zeitschrift VDI. 1925.
Tillmann, Andressen u. Agatz: Die Entwicklung der Umschlageinrichtungen in den bremischen Häfen. Jahrb. der Hafenbautechnischen Ges. 9. Bd. 1926.

Sowie vom Verfasser:

Aufgaben, Abwicklung und Organisation des Hamburger Hafenbetriebes. Zeitschrift für Betriebswissenschaft 1932.
Die Erweiterung des Verteilungsschuppens im Hamburger Hafen. Der Bauingenieur 1937.
Neuere Kaischuppenbauten im Hamburger Hafen. Die Bautechnik 1937.
Kaischuppen und Lastkraftwagenabfertigung. Werft, Reederei, Hafen 1937.
Die Hafenanlagen von Triest. Der Bauingenieur 1939.
Entwicklungen im Hamburger Kaischuppen- und Kaimauerbau. Zentr. d. Bauverw. 1939.

[1] Soweit hier nicht angegeben, vgl. die Hinweise im Text.